U0181821

环境设计

（第二版）

○ 娄永琪　杨皓　编著

高等教育出版社·北京

第二版前言

我们正处在一个革命性的转型时代!

以数字化、网络化、扁平化和可持续为特征的全新社会经济模式,既给了"环境设计"这个一度定位模糊的专业巨大的挑战,也提供了难得的发展机遇。我在2007年高等教育出版社出版的《环境设计》一书中提出:环境设计应该将"生活—空间生态系统(Life-Space Ecosystem)"作为研究对象。包括对人们的生活方式,人与人、人与物的互动,这种互动发生的体验以及互动发生的环境(包括空间和界面)的研究。在学科基础上,环境设计是建筑学、产品设计、交互设计、设计管理、战略设计、传媒学等学科的交叉。而从基于"物"的设计到基于策略的设计,从专业设计到整合设计,从满足需求到可持续发展和从封闭思维到开放思维已经成为环境设计的学科发展方向。

在2007年,我给环境设计下了一个定义:"我们的环境设计致力于运用整体的、以人为本的以及跨学科的方式来创造和促成一种可持续的'生活—空间生态系统',包括人和环境交互过程中的体验、交流和场所。"这个定义反映了同济大学在设计学科转型这一大背景下,对环境设计这个专业的新思考。这次在高等教育出版社的支持下,将同济大学近10年的环境设计教学改革和实践的思考出版问世,事实上也给我们和诸多同行对"环境设计"这个专业的定位、发展和教学实践进行更加深入和开放的讨论提供了机会。

本书的写作,得到了同济大学设计创意学院各位教师的支持,为本书贡献内容的除了我的合作者杨皓副教授外,还包括马谨(第二章第一、二节)、倪旻卿(第三章第五节)、吴端（第四章第一节）、丁峻峰（第四章第二节）、李咏絮（第四章第三节）、刘洋（第四章第五节）等同事；王卓老师为本书配套的App设计付出了辛勤的努力；我的博士生龚渝蓓（第二章第一节、第三章第三节）、朱明洁（第二章第一节、第三章第三节）、宋东瑾（第三章第一节）、姜晨菡、陆洲等也参与了本书部分章节的撰写；谢怡华老师对全书的文字进行了细致入微的修订。对上述各位的通力合作和帮助，我在此一并谢过。最后，还要特别感谢本书的策划编辑梁存收先生，没有他的督促和细致帮助，本书是不可能完成的。

同济大学设计创意学院

娄永琪教授

2017年9月

目　录

第一章

新时代、新环境设计

第一节

时代在变，设计在变

一、变与不变

这个世界正发生着巨大的变革。全球化语境下的气候变化、人口爆炸、经济危机、资源短缺等问题使得这个快速变化的时代正面临着前所未有的危机。与此同时，数字化的生存方式、日趋扁平化的社会经济结构、各式各样的"2.0"，在解构了人们日常生活的很多组织和架构原则的同时，也使这个社会充满了各种可能性。[1]

哪里有问题，哪里就有设计的需求。技术革新、社会组织方式、经济运行方式以及人们的生产和生活方式都在不断发生变化，这些变化也相应地带动设计学科发生同样深刻的变化。我们在讨论什么是设计的时候，必须要在一个时空"箱体"内进行，也就是要考虑在什么时间、什么情境下讨论（图1-1）。

20世纪40年代，有几位非常杰出的教授奠定了同济大学建筑和设计教育的根基。其中，黄作燊教授——格罗皮乌斯（Walter Gropius）第一个回国的中国学生——更是系统地把包豪斯学派的思想带到了上海。早年学校里挂着一幅条幅："新建筑是永远进步的建筑，它跟着客观条件而改变，表现着历史的进展；新建筑是永远进步的建筑，是

---

[1] 娄永琪：《从创意到创新——中国创意产业与设计教育发展的新范式》，《时代建筑》2010年第3期。

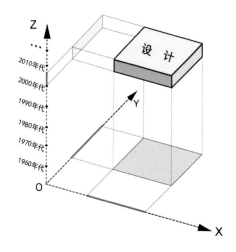

图1-1 "设计"定义的时空箱体

对"设计"的每一次定义，都只可能在某一时空箱体内有效

不容许停留在历史阶段中的建筑"。半个多世纪前的设计理解，生动演绎了"变"这个不变的真理，到现在仍然熠熠生辉。包豪斯之所以伟大，就是因为其与产业革命的脉搏是同步的。可以想象，如果格罗皮乌斯等人在今天重新创办一个设计学院，一定不会是当时包豪斯这个样子。世界设计组织（WDO，其前身为国际工业设计协会ICSID）数次发布了设计的定义，这些不同的定义都是回应时代对设计提出的新的使命和要求的。因此，我们只有首先界定讨论的情境，讨论才有价值。

与此同时，设计的角色、使命、内涵、方法的变化不是一个线性的过程，而是一个起起伏伏的过程。就好像一杯黄河水，放置一会儿，里面的泥沙会一层层地慢慢沉淀下来，但只要用一支筷子一搅，沉在最底下的沙子可能又会浮上来。设计发展的过程也是如此。有些思潮可能不再时髦，但并不意味着退出了舞台。新技术或者其他外部条件的变化，很可能让这些思潮再次获得新生，如随着大数据、云计算、

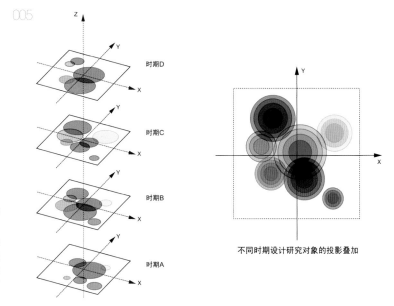

图1-2 对象维度的考察是水平投影的研究

本图清晰地揭示出究竟哪些领域是现代设计主要的研究对象。不同色彩代表不同的研究对象，圆的大小代表对象在某一时期的重要程度

社会计算、人工智能等技术的发展，让有关系统工程的讨论有了全新的方向。同时，一些前沿的思考，也需要一定时间才能被大众认识。例如，帕帕奈克（Victor Papanek）思想的价值，就是在他去世后才越来越得到公认的。又如，目前"物质设计"（Physical Design）在理论层面饱受批判，但其在实践层面的很多领域依然占据了主流地位（这也几乎是所有"实学"共有的特点）（图1-2）。这些现象背后是个哲学的命题，不管外在的技术、社会和经济怎样变化，在深层次上还是有些不变的规律性的东西在里面。这也是人文和哲学对设计如此重要的原因。

套用一句赫拉克利特的话："唯一'不变'的是'变'自身。"回顾一下中文的"设计"一词很有必要，设计由"设"和"计"两个字组成，其含义是耐人寻味的。"设"，施陈也，"计"，会也，算也。[1]设计就是"设定一个计策"，

1　许慎：《说文解字》，中华书局2017年版，第186、187页。

人为设定，预估达成，并进行目标指导的过程。[1]这里涉及设计两个最重要的问题：第一，和人有关，"从言役"，靠的是说和做，不光是自己行动，还要让别人动；第二，与计算相关，从古代的"运筹"到现在的计算机，工具不断进化，但计算的本质没有变化。计算机不仅提供了更多的辅助设计、管理和施工工具，而且越来越智能，开始承担越来越多原先只有人才能进行的工作。如参数化设计不仅被广泛地应用在造型上，也为设计师更好地应对和解决模糊性和复杂性问题提供了支撑。大数据和计算的结合，更是通过"相关性"的呈现，揭示了很多之前无法归纳的规律。总之，尽管设计经历了巨大的变革，但与人和计算相关这两点本质特性依然没有改变，这一认识，对于我们继续本章的讨论很有必要。

二、从创造风格到驱动创新

数十年来，设计从20世纪50年代的"创造风格"，发展到60年代的"团队协作"，到70年代的"人的理解"，到80年代的"协调管理"，到90年代的"创造体验"，一直到21世纪的"驱动创新"，期间呈现出了如下趋势：

+ 从物体到战略
+ 从专业到跨学科
+ 从设计到设计思维

[1] Ken Friedman, Yongqi Lou, and Jin Ma, "Shè Jì: The Journal of Design, Economics, and Innovation," editorial, She Ji: The Journal of Design, Economics, and Innovation 1, no.1 (Autumn 2015): 1–4.

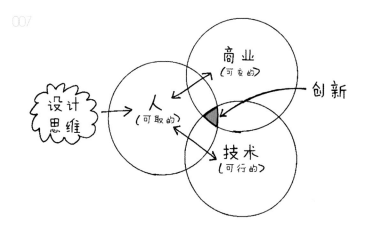

图1-3 设计驱动创新的新
范式

通过设计思维整合创意、技
术和商业的"设计驱动的创
新"已经成为一种新的创新
范式

+ 从创意到创新

设计学科在这一变化过程中开始考虑一些更大的问题，其重要性也因此得到了提升。设计思维（Design Thinking）和科技思维结合，通过可行的商业战略，其结果被转化成消费者价值和市场机会。设计和最大多数人的未来由此联系在一起，从而进入了前所未有的广阔领域。这种新的设计对知识的深度、广度和综合性提出了更高的要求。这些扩大了的角色不仅使得设计成为一种独特的思维方式，同时也使设计成为驱动创新的引擎（图1-3）。

2015年10月，国际工业设计协会（ICSID）发布了设计的新定义，强调设计旨在驱动创新、促发商业成功及提供更好质量的生活，是一种将策略性解决问题的过程应用于产品、系统、服务及体验的创造活动。其实，比定义的内容更为重要的是我们在怎样的时空背景下讨论设计。时代变了，技术、经济和社会组织方式变了，设计也必须相应地发生变化。这些变革集中体现在设计的新价值、新领域、新方法、新角色等各个方面。

从价值观而言，现在的设计关心的是怎样回到更好的服务人类福祉和可持续发展的方向上，特别是如何通过发展协同分享的可持续经济，来取代以追逐利润为主要特征的资本主义经济；在工作领域方面，设计逐步从对产品和造物的设计拓展到对关系的设计、交互的设计、服务的设计、系统的设计、组织的设计、机制的设计。这样，设计由仅仅作为产业链和创新链的一个环节拓展为对全流程做贡献，也实现了向价值链高端的攀升；在方法层面，新的设计与互联网、云计算、大数据分析、人工智能等计算机技术的发展的连接将更加紧密，计算机技术将大大提升设计应对复杂性、系统性、模糊性、不确定性的能力，同时通过"设计思维"实现对其他工程、管理、人类学等学科知识和方法的流动性借用和整合，使得设计可以服务更为广泛的对象；在角色方面，设计一方面正在成为社会和产业发展战略层面的贡献者，另一方面也正在逐步走出被动的服务提供者的角色，成为推进社会创新和引领新一轮产业革命的动力。在这个全球知识网络经济时代，不能仅仅把设计作为一个技术工种或一项服务限定在一个专业里。设计越来越被当作一种资本投入，这一趋势进而影响到设计作为一种行业的商业运作模式。从简单地提供设计服务，到提供具有更大商业潜在价值的"一体化策略"，设计与资本之间的雇佣关系开始部分地向合作关系转型。设计可以以一种全新的、更为主动的姿态，介入经济和社会改变。

当今的设计已经从创造风格，发展为一种观察世界、发现问题、解决问题、创造体验、新增价值的思维方式和行事方式，被称作是创新的第三种驱动力。[1]

三、DesignX：复杂社会技术系统设计

随着设计从"物质设计"到"战略设计"的范式转换，设计已经成为创建"可持续的""人本的"和"创意型"[2]社会的重要手段。就作用领域而言，设计开始越来越多地为一些"大问题"提供解决策略。设计从此前提供一个具体的"最优化"的"物体"，拓展到提供一个能促成某种状态的（enabling）、包含"物"和"服务"的系统化的"整体性解决策略"。[3]就如赫伯特·西蒙（Herbert Simon）所说的那样，所谓设计，就是一系列把现有情境往更好的方向引导的行为。[4]这个定义的最迷人之处是乐观，人类应对时代挑战、探索更好的未来的过程，就是一个大设计的过程。人类今天面临的主要问题都不是单一学科的问题，而是涉及复杂的社会技术系统和诸多的利益相关者。学科交叉性加强、"垂直知识（专门知识和能力）"和"水平知识（广度思考和整合思考的能力）"相结合的立体"T"字型的创新型和复合型人才的培养，以及新的设计领域的开拓、学习方式的改变和价值观的确立成为新设计的特征（图1-4）。

同时，如果设计需要从关注"造物"转而面向这些"大问题"和"大系统"，就必须要超越以直觉和感悟为特

1　Verganti R. *Design Driven Innovation*. Harvard Business Press, 2009.

2　"Kyoto Design Declaration 2008", Cumulus 2008 Kyoto Conference.

3　娄永琪：《一个针灸式的可持续设计方略：崇明仙桥可持续社区战略设计》，《创意与设计》2010年第4期。

1　"Everyone designs who devise courses of action aimed at changing existing situations into preferred ones." See: Herbert A. Simon: *The Sciences of the Artificial*. Cambridge, MIT Press, 1969.p.130.

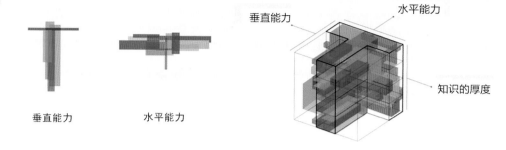

垂直能力　　　水平能力

図1-4　同济大学设计创意
学院立体"T"字型的创新型
和复合型设计人才培养框架

图1-5　2014年同济设计
周与She Ji学报

2014年同济设计周期间，
《DesignX宣言》发布；第
二年的同期，我们进一步举
行了DesignX工作坊，并
将讨论发表在了当年的She
Ji学报上

征的设计传统，转而发掘一种全新的设计文化。2014年娄永琪和唐·诺曼（Don Norman）、肯·弗里德曼（Ken Friedman）等几位学者一起发布了一个名为"DesignX"的宣言，描述了未来设计的几个特征：[1]（图1-5）

　+　基于佐证的设计；

　+　跨学科的，以更好地面向真实问题的挑战；

　+　用算法等工具更好地应对复杂性、模糊性、矛盾性

[1] Norman D A, Stappers P J. DesignX: *Complex Sociotechnical Systems*. She Ji: The Journal of Design, Economics, and Innovation, 2016, 1(2): 83-106.

和不确定性；

　　+　链接自然、人类和人造物世界的基于关系的、系统的思考；

　　+　从个体到协同，设计主体的日趋多元化；

　　+　主动设计、作为资本投入的设计，不仅提出策略，还介入实施；

　　+　"摸着石头过河（Muddling through）"，边做边优化，渐进迭代。

　　新的创新模式需要打破技术、设计和商业的范例，把创新贯彻到产品的整个生命周期。一个创新型的社会不仅需要设计师担当其所在领域的问题解决者，同时也需要他们能够与更广泛的学科和功能领域内的专家进行对话和互动。与此同时，设计教育也必须相应地做出改变。设计学院应该以更为积极的姿态参与到将设计作为应对当今世界挑战的工具而加以利用的进程中来。随着设计角色的变革，设计师和执行者的界限也需要进一步模糊。设计师不能仅仅止步于提供解决策略，而是要成为解决策略的一部分。同时，设计的行动主体，也正从职业的设计师，拓展到各色人等。通过社会创新，"人人设计"的时代已经到来。[1]这种转型对设计学科的发展而言是一个极其难得的机会。

1　Manzini E, Coad R. *Design, when everybody designs: An introduction to design for social innovation*. MIT Press, 2015.

第二节

环境设计的困惑与机遇

一、环境设计学科的困惑

环境艺术设计在我国是个年轻的学科，于1988年首次被正式列入国家学科专业目录，后来发展为艺术设计二级学科下的一个方向。[1] 我国的环境艺术设计专业脱胎于室内设计专业，并逐渐融入了环境艺术、景观设计，甚至是部分城市设计的内容。在设计院校中有以下几个与环境艺术设计相近的专业：室内设计、景观建筑学、建筑学、城市设计、环境艺术等。[2]

在我国，环境（艺术）设计已经成为规模庞大的一个学科，但不管是教师还是学生，经常困惑于无法说清楚这是一个什么样的学科。它和城市设计、建筑学、室内设计和景观设计之间有着千丝万缕的联系，但又不属于其中任何一个学科。从对象的角度来说，"环境"这个词可以包括建筑、城市、景观等实体内容；从性质上看，"环境"又兼具有物质、生态、系统等多重含义。这种模糊性导致了环境设计这个学科近乎是上述各专业的一种综合。由于这种综合缺乏强有力的思想和方法论来支撑，因此学科的架构显得非常松散。

多伯（Richard P. Dober）的观点被广泛引用，他认

---

[1] 郝卫国：《环境艺术设计概论》，中国建筑工业出版社2006年版，第38页。

[2] 有趣的是，世界上绝大多数的"环境艺术设计"专业可能集中在中国。在谷歌搜索引擎中键入"environmental art design"可以看到，几乎所有以environmental art design为专业的词条都出现在中国网址。

为，环境艺术"作为一种艺术，它比建筑艺术更巨大，比规划更广泛，比工程更富有感情"。然而，这个概念除了溢美之词的堆砌外，本身并不能经受多少推敲。至于"环境艺术设计的工作范畴涉及景观设计、室内设计与公共艺术设计。环境设计师……从修养上看应该是个'通才'"[1]的论断，使得任何一个该专业的教育变成了"不可完成的任务"——在这个知识大爆炸的时代，这样的"通才"几乎是无法培养的。因此，这种无所不包其实无益于学科的发展。

归纳起来，国内环境（艺术）设计学科定位模糊的原因有二：其一，长期以来，人们一直无法清晰地界定其理论基础和研究对象，因此也就无法清晰地界定其与相关学科的边界；其二，是其与社会职业设置的脱节[2]。而定位的模糊从根本上来说是因为学科内核的缺乏。模糊性尽管没有阻碍环境艺术设计这个专业在国内快速发展的脚步，但对于学科的进一步发展确实带来了一定的困难。

二、环境设计学科的发展机遇

每一门学科都有一套属于本学科的本体论和方法论，通过它以独特的方式来观察研究世界。对于同一个对象或是事件，数学家、物理学家、化学家、社会学家、文学家、设计师会有各自不同的解释。每个学科都试图用自己学科的理论来解释整个世界，从古希腊毕达哥拉斯的"数学"，到明代阳明心学的"良知"，概莫能外。虽然任何研究领域都有可

---

[1] 郝卫国：《环境艺术设计概论》，中国建筑工业出版社2006年版，第172页。

[2] 目前，建筑师、景观建筑师、室内设计师、时装设计师等已经成为得到普遍认可的设计职业。但"环境设计师"的职业定位却显得不那么明晰。

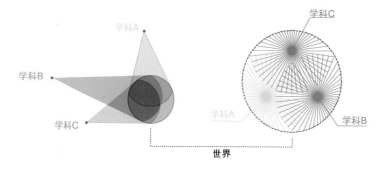

图1-6 学科研究领域和视
角的关系

各学科都期望从本学科出发
可以探究整个世界。虽然任
何专业研究领域都有可能被
其他专业所覆盖，但不同专
业的立足点和视角是不同的

能被多个专业所覆盖，但其视角一定是不同的。这个视角及
其聚焦的对象就是学科的内核，包括了为什么（why）、是
什么（what）、怎么做（how）等几个根本问题。这也是环
境设计作为一个学科必须要回答的问题（图1-6）。

设计的每一次变革，都对应于社会的发展和社会需求的
变化。在当下这个全球知识网络的时代，经济、文化、政治
的全球化进程和以数字化生存方式为代表的变革，特别是社
会经济组织方式的扁平化和全球的可持续发展运动，使得
"环境"的概念有了新的内涵。这对于具有中国特色的环境
（艺术）设计专业而言，无疑是一个难得的机会。同时，这
个时代的诸多新变化，使得传统上基于职业（如建筑学、室
内设计、景观设计）的学科定位越来越显示出其局限性。这
些制度化的知识和职业已经无法满足新生活方式、新经济模
式和新价值观带来的对生活环境的新需求。这都给环境设计
学科带来了新的发展机遇和挑战。

建筑等专业都是以应用对象来定义的，而且和就业市场
的职业训练是对应的，久而久之，形成了比较稳定的专业生

态圈，因此这些学科没有定位模糊的问题。而环境设计专业的处境就比较尴尬，要么很难找到专属的设计对象，要么只能说是无所不包，却又什么都不是。但如果换一种思路，抛弃以应用领域来定义学科的方式，而是转而用"思维方式、工作方法"来定义，情况就会变得豁然开朗。

我们暂且不谈设计，先谈一个看似不相干的职业：神射手。什么是神射手？在石器时代是扔石头最准的，在冷兵器时代是射箭最准的，在火器时代是打枪打得最准的，而现代战争中，谁才是"神射手"？——编程编得最好的。就是一群人用着计算机，发射的时候不扣扳机，而是输入密码，敲回车键启动程序。如果从具体技能来看的话，我们可以看到，随着时代的变化，"精准地命中目标"的使命其实并没有改变，但具体使用的工具、技术、方式一直在改变。

如果我们把环境设计的对象从"物质空间"转换为一种"关系"或是"状态"，那么环境设计就可以从与建筑学、景观学等学科争夺设计阵地的竞争中超越出来。因为环境设计对于"关系"设计有着不同的视角和方法，故而更擅长处理以物质设计为基础的学科所不能处理的未来生活环境营造。在这个语境下，之前作为环境设计发展劣势的"模糊"——也就是处于多个学科边缘的位置——此时恰恰成为这门学科的优势。

三、新环境设计：新视角、新定义

环境设计，至少包含了两层含义：首先，是环境作为对象，环境设计就是指有关环境的"设计"；其次，是环境作为一种整体的方法论，环境设计也就是关于系统的设计。"关系的设计"成为新的对象。新的环境设计不仅仅要研究"空间"本身，更需要回到"人"的视角来审视环境中的各种关系：人与人、人与物、物（其他生物）与物在空间环境中的互动；互动产生的体验以及互动发生的场景（包括界面和空间等）本身。因此，"生活—空间"（life-space）可能是符合上述学科发展方向并涵盖物质和非物质双层意义上的环境设计的核心词。而设计则成为提升这一"生活—空间生态系统"的工具。对人与环境互动的设计、关系的设计，传播、可持续生活和生产方式对环境设计的影响，以及相关设计手段的重新开发，将成为环境设计学科未来发展需要探索的新领域。

这种新的环境设计需要基于社会、文化和经济背景的研究，通过设计"预测潜在问题和展示新的生活方式，需要通过设计给人们提供可以选择的生活和文化"[1]；还需要研究某一特定时期的生活方式及其背后的伦理考量，以及如何通过设计将技术与人类潜在需求在物质空间中实现最佳的结合，并且对其结果进行考察。"生活—空间生态系统"把设计从物质范畴拓展到意义的设计、互动的设计、服务的设计、体验的设计和生活方式的设计等非物质范畴。

例如，扬·盖尔（Jan Gehl）的"交往与空间"，一向

1　周锐：《新编设计概论》，上海人民美术出版社2007年版，第11页。

被认为是现代空间设计的经典,但这一理论在网络生活方式下面临了新的挑战。在虚拟世界中,人际关系的亲疏和物质空间的距离的关系正在弱化,交往的品质也和物质空间的品质失去了必然联系,两个终端界面变成了最为重要的环境。基于"交往互动"的理论,如"邻里""比例""尺度"等概念,都在这个挑战面前变得不堪一击。尽管我们可以从伦理上对这种现象的产生进行抵制,但谁也无法否认,这种生活方式有其存在的权利,而且似乎变得越来越有市场。这种技术发展带来的生活方式的改变,对环境设计而言是不可不察的重要情境。

"系统的设计"已经成为新环境设计的方法论。这里既包括了系统本身的设计,也包括系统中各种关系调适的设计。系统就如一张用金属链编织成的悬在空中的网,用手轻轻触碰它的时候,一个环节的位移会对整张网产生影响。任意一个环节的变化同时也被它以外的元素的变化所解释。任意一个现有环境的变化,比如说是一个新的设计,都如那张被触碰的网一样,需要一个过程才能继续稳定。从一个城市的变化到一个灯泡的亮度改变,都是如此。对系统的关注,就是从关注元素,转向关注元素之间的关系,其中既包括微观的关系,也包括更为宏观的"生态系统"层面的关系。这个"生态系统"包括生态的、商业的和社会的等多个层面。就生态环境而言,人地危机之严重,使得这个问题对人类而言已经不再停留在"功能"或是"意义"层面,而是到了"生存"层面。这种危机产生于人类对自然环境的系统性破坏,因此要修复这种平衡也必须要采用系统性的救赎手段。

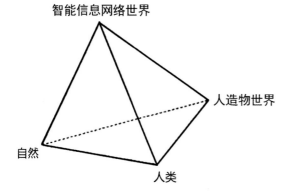

图1-7 自然、人类、人造物世界和智能信息网络世界四个系统及其之间的交互

现代人在大部分时间里，是通过人造物的世界与自然世界发生关系。人造物的世界也已经成为人类文明的载体和表现。在人造物的世界里，有一个特殊的类型，那就是计算机和网络。计算机产生不过70年，网络产生仅30多年，但其影响却前所未有。[1] 计算机刚发明的时候，是作为人造物世界的一个部分而存在的。但随着信息技术的快速发展，互联网、大数据、云计算和人工智能等纷纷出现，高度互联的计算机世界正逐步从普通的人造物世界中抽离出来，越来越成为智慧生命体的衍生。于是一个新的系统——智能信息网络世界产生了。自然（第一系统）、人（第二系统）、人造物世界（第三系统）、智能信息网络世界（即赛博系统，Cyber system，第四系统）之间的相互作用，影响了人类生产、生活的方方面面，同样也开启了新的设计方向。这四者之间关系的互动，成为环境设计新的考察背景（图1-7）。

基于以上考虑，早在十多年前，同济大学就已经把"环境艺术设计"方向更名为"环境设计"方向，并开始在大设计的视角下寻求环境设计的发展。这些年来，在同济大学，对环境设计的重新定义是与对设计学的重新定义

---

1 参见维基百科"ENIAC"以及"Internet"词条。

同步发展的。2007年，同济大学环境设计专业对环境设计下了如下一个定义：我们的环境设计致力于运用整体的、以人为本的，以及跨学科的方式来创造和促成一种可持续的"生活—空间生态系统"，包括人和环境交互过程中的体验、交流和场所。(Our environment design focuses on using holistic, human-centered and interdisciplinary approaches to create and enable a sustainable life-space eco-system, including experience, communication and place that facilitate interaction of humans with their surroundings.)

从这个定义来看，"生活—空间生态系统"成为环境设计的核心对象，涵盖了物质和非物质双层意义。人的介入是关键，只有当人介入了，物质空间才转变成为场所。新环境设计的重点是人介入后和环境的交互，因此不仅仅要研究"空间"和"场所"，还需要研究某一特定时期的生活方式及其背后的伦理考量；而设计则成为提升这一"生活—空间生态系统"品质的工具，这里的设计既包括直接的创造，也包括通过创造周边情境实现赋能（enable）。对人与环境互动和关系的设计、传播的影响、可持续生活和生产方式对环境设计的影响，以及相关设计手段的重新开发，将成为环境设计学科未来发展需要探索的新领域（图1-8）。

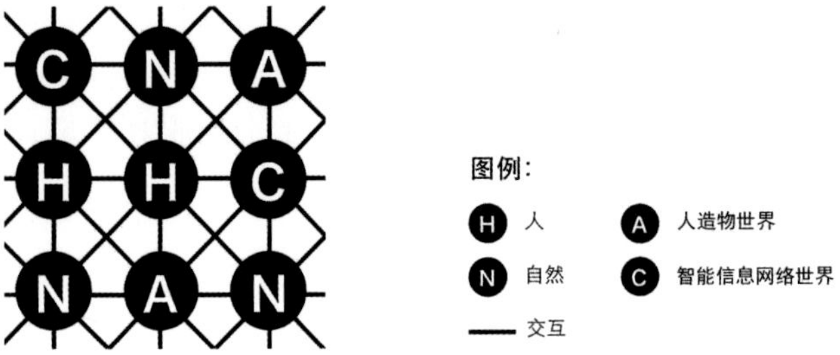
C
N
A
H
H
C
N
A
N
图例：
H 人
A 人造物世界
N 自然
C 智能信息网络世界
交互

图1-8 人与环境的交互设计

第三节

环境设计的发展趋势

一、从“容器”到“内容”

目前，环境设计的应用领域与室内设计、景观设计、城市设计、建筑学等学科有不少交集。随着我国的城市化进程由粗放型向精细型发展转型，人们对环境设计的需求正呈现出一些变化。其中有一个很大的背景差异，就是以前的需求所关涉的更多的是“有没有”的问题，也就是首先要解决的是城市、住房、办公、商场等功能性需求；而现在的需求开始转变为关心“好不好”的问题，也就从短缺经济状态下的对硬件的关注，转到体验经济时代对生活内容和品质的要求。城市、建筑等“容器”一旦建成，其设计使用年限相对较长，对其要做大规模的改变不太可能。与建筑追求的“永恒”相比，人和环境之间的关系却往往充满了多样性、可变性、个性化、实效性的需求。这时候设计的“轻改造”策

图1-9　脸书的办公环境

略，更加能满足人们对生活内容丰富性的需求。从这个意义
上讲，环境设计师，首先应该是一个生活家。

对环境设计而言，需要特别关注生活方式的转型。技术
的变革影响了我们的经济、社会组织方式，相应地，对环
境也提出了全新的要求。环境不仅仅作为被动的角色，具
有"审美"意义，而且成为经济活动、社会活动，以及人
们生活的"场"，甚至是作为很多不可见的关系的可体验的
呈现。在硅谷的风投界，流行着这么一句话：一个初创公
司有多创新，从他们的办公环境中就可以看到端倪。脸书
（Facebook）、谷歌（Google）等公司，无不下了大力气打
造充满创意的公司环境，以此作为公司文化的一部分（图
1-9）。不仅是办公空间，商业空间、居住空间、娱乐空间、
交通空间都面临着新生活方式带来的变革。品牌战略、体验
设计、用户理解等这些新的考量，正在使得环境设计同制
造产业、文化媒体产业、商业服务业一样，和对使用者的
理解和尊重之间的关系越来越紧密。现代零售设计（Retail

图1-11 苹果专卖店

Design）已经远远超越传统关注物质空间的室内设计，而成为整个品牌战略的一部分（图1-10）。苹果就是一个非常典型的通过改变产品和客户交互的方式来重新定义零售店设计的例子。正在建造的苹果公司办公楼，也成为其公司品牌形象的一个重要部分（图1-11）。

在城市公共空间中，以前主要关注的是由建筑构成的空

图1-12 伦敦的城市品牌

图1-13 巴黎戴高乐机场
室内

标识和指示是室内设计的重
要组成部分

间体验,而现在,各种城市街具、广告、陈列、标识和指示
系统很可能是与空间同等重要的元素。不少人对英国伦敦这
座世界创意之城的印象就是由红色电话亭、特别的城市公共
交通标识、黑色的奥斯汀出租车等这些建筑以外的元素构
成的(图1-12)。在大型公共建筑、机场等交通枢纽中,标
识、指示系统等的影响越来越大(图1-13)。从可持续设计

图1-14　游艇室内设计

以诺曼·福斯特（Norman Foster）爵士为中心的Foster & Partners团队为他们第一次设计的游艇所做的室内设计

的角度衡量，对现有环境进行适度改造以达到令人满意的程度，特别是近人尺度的家具、界面、灯光、装饰等，以及相关服务、体验品质的提升，往往要比把建筑推倒重来的"革命性"举措更为节约资源。

环境设计研究人和环境的关系，它自然也包括了建筑以外的领域，很多微观的环境正在成为我们生活的重要内容。例如各种交通工具的室内设计，如游轮、游艇、地铁、火车、巴士、飞机、汽车等的内部空间设计（图1-14）。著名的 Interior Motive 杂志就是专门发表和讨论这些"室内设计"的刊物。这些室内设计，可能涉及的很多原理性的知识和常规的室内设计是相通的，比如人体工程学、心理学等的应用，但在设计上，显然与传统的建筑学的室内设计有很大的不同。

二、从"造物"到"体验"

同其他设计的发展历史一样，之前环境设计主要关注于物质空间，包括功能、造型、材料、色彩、质感、照明、软

图1-15 英国伦敦国王十字车站的9¾站台

装等设计。这里尽管有"非物质设计"的考量在里面，但总的来说还是偏"硬"，工程设计的分量很重。当我们处理"生活—空间生态系统"层面的环境设计问题时，人和环境的关系成为设计的重点。得益于近20年来非物质设计的发展，"关系"的设计有了长足的进步。交互设计、用户体验设计、服务设计、战略设计、设计管理等方向都从不同侧面对"关系"的设计提出了新的理论和方法。对环境设计而言，在这些关系的设计中，串联元素和元素之间关系的是人的"体验"，体验成为核心逻辑。

例如，交互设计里的"交互品质"完全可以给设计提供"形态构成""空间组合"等以外新的评判标准。将交互设计里的两个关键概念——"界面"（interface）和"触点"（touchpoint）应用在环境设计中，也完全超越了屏幕交互。图1-15是英国伦敦国王十字（King's Cross）车站的9¾站台，只有一块牌子，仅几英镑的成本，却吸引了全世界的《哈利·波特》迷们专程为此赶来拍照。其实它就是一个触点，一个线索，激发了人们心里某一些知识和情感储备，然后与这个物品产生了情感上的交互。

图1-16是前水晶石的几个高管的创业项目"跑步猫"，他们通过数字媒体投影出各种虚拟现实场景，将健身和游戏相结合。这里所有接受投影的墙、地、天花板都变成了界面。更广义地看，界面可以是一个系统向受众呈现信息的载体，它甚至都不必是一个面。

图1-17是同济大学设计创意学院的门厅，里面有咖啡厅、共享大厅、数字加工中心、图书馆、报告厅，这是该学院向社会展示办学理念的"界面"，这也是对外开放的交互平台。这个空间之所以成功，里面其实有很多交互设计、体验设计的原则在起作用。服务设计则注重整个服务流程中的体验品质。

图1-18是星巴克咖啡门店，从用户在街头看到店面，到其进店、选择、排队、付款、取货、就座等，都有细致的设计。座位的设计，既考虑了视觉效果，又通过高度等设计控制，避免因过于舒适而影响顾客的流动性。

三、从"专业"到"整合"

"生活—空间生态系统"的设计，是一个系统的设计。一方面，对系统而言，元素之间的关系比元素本身更重要，因此系统的最优化应该成为设计的目的。很多建筑师不希望有任何东西（比如树木）遮挡其"伟大"的设计，尽管从一个环境（系统）来看，房子可能和一排行道树的价值是一样的。另一方面，由于"人的介入"，系统变得更加复杂，不

图1-16 "跑步猫"健身
娱乐空间

图1-17 同济大学设计创
意学院门厅

图1-18 星巴克咖啡店的
设计

仅仅是元素多，而且元素之间相互胶着，密不可分。

在这个情境下，跨学科成为必然。需要注意的是，跨学科并不等同于将所有学科的知识都囊括进来，而是更加关注如何整合这些不同学科的知识，将其运用到环境设计的工作中去。专业分化的不断发展导致的"内卷"（involution）[1]已经将各专业领域限定得过于清晰。各专业不断发展的专业话语体系，事实上形成了一道限制其他领域进入的屏障。[2]这道屏障在划分领域的同时，事实上也限制了自身的发展。

对环境设计专业而言，从室内设计拓展到外环境设计是一次学科壁垒的突破，但这种突破还远远不够。环境设计需要来自工业设计、建筑学、传媒、管理、人类学、社会学、心理学、行为学等多学科领域的知识。环境设计并不是要覆盖这些领域，而是要在其中作为协调者，与其他专业共享一个情境，通过设计创意去推进和加强这种多学科的交流，实现共同的价值观。这就要求设计在此过程中完成从演员到导演的角色转变：从专家视角到使用者视角，从微观到宏观，从物质设计到策略设计。

这样，整合的能力变得越来越重要，而整合背后是一个管理问题。这类似于交响乐团的指挥，他未必需要精通所有乐器，因为对于整体作品演绎和音响效果的把控，才是其主要职责。对设计而言，跨学科设计需要具备跨情境应用知识的能力。整合的重点是各要素之间的关系，也包括这些物质要素与人的行为之间的关系，甚至是这些由元素与关系组合而成的系统与整个生态系统和社会文化生活的关系。而在处

---

[1] "内卷"，指某种文化发展到定型这种最终形态后，趋于稳定以至无法进行创新。在这种情况下，如同欧洲16世纪的哥特式艺术那样，只能对既定形式进行一些属于修饰性的细加工而使其更趋细腻化、复杂化。戈登威泽（Alexander Goldenweiser）则用"内卷"来形容这种在既定模式下，不断地进行填充的修补式细加工，并使其趋于更加矫饰化的过程。

[2] 吉登斯（Anthony Giddens）用脱域（disembedding）来描述"社会关系从彼此互动的地域性关联中，从通过对不确定的时间的无限穿越而被重构的关联中'脱离出来'"的现象。其中专家系统（expert system）是与象征标志（symbolic tokens）并列的两种脱域类型。这两种系统都是"抽象系统"（abstract systems）。参见安东尼·吉登斯：《现代性的后果》，田禾译，译林出版社2011年版，第18页。

图1-19　娄永琪设计的2010
年世博会联合国馆

理这些关系的时候，必然会涉及经济、社会和文化的因素。
要胜任这个角色，环境设计就必须具备垂直能力和水平能
力。其中，水平能力对于完成整合的任务而言，占据了更加
重要的位置。沟通能力、领导能力、协作能力、跨情境应用
知识的能力、讲故事的能力等都是整合工作的重要部分。要
培养调动与整合各种资源的水平能力，对相关学科方向的基
本知识需要有提纲挈领的理解。比如，环境设计中，经常会
用到建筑或者室内建筑学的知识，但环境设计师未必需要对
建筑的专门知识了如指掌，比如构造、各种规范等，但对于
建筑的鉴赏能力（如关于建筑的流派、风格等方面的知识）
却不能不具备。否则，就没有办法完成整合的工作。图1-19
是娄永琪设计的2010年世博会联合国馆的展示设计，在设计
过程中围绕着人的体验，整合了多个艺术家、工程师的创作。

四、从"满足需求"到"永续发展"

当下，最为首要的问题是，人类活动对自然世界所造成

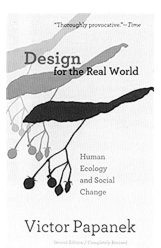

图1-20　帕帕奈克及其著作《为真实的世界设计》

的影响已经导致巨大的环境容量压力。人类能否在自然、人造物和智能信息网络系统构成的环境中继续生存下去，并且更好地生活，这已成为挑战全人类的可持续问题。1970年，帕帕奈克在瑞典出版了《为真实的世界设计》，他指出设计除了创造商业价值之外，更是一种推进社会变革的因素（图1-20）。他甚至夸张地指出，因为设计客观上担当了消费主义帮凶的角色，因而成为"世界上危害最大的专业之一"。[1]他的本意是，在地球资源有限的前提下，设计应该从过去关注人类欲望的满足，转向担负生态和社会责任。而这关乎人类以何种方式生存，对环境设计而言，更是人类生活方式在空间层面的投射。

有些选择是没有选择的。可持续发展，事实上已经超越国家、民族和文化成为普适伦理。这不是基于信仰的伦理，而是基于生存的伦理。因为人类的生存和活动已经渐渐达到了这个星球容量的极限。现代设计是与工业文明一起发展

[1] PAPANEK V. *Design for the real world: human ecology and social change*. New York: Pantheon Books, 1971.

What is MUJI?

图1-21 无印良品系列产品

无印良品的大多数纸制品及
其他文具都利用再生纸，并
摒弃漂白工序，虽然成本提
高，但更加环保而且产生一
种质朴自然的美感

的，自它产生起，便以一种产业化的方式影响这个世界。这
种影响力可能是革命性的，也可能是灾难性的。设计师如果
回避这个事实，则可能不仅会背上不道德的名声，更重要的
是会不自觉地加剧人地危机。

面对可持续发展的挑战，我们需要跳出用资源环境换经
济发展的传统模式，塑造资源和环境友好型发展方式（图
1-21）。而在此进程中，重新设计我们的生活方式环境意义
重大。一方面，需要通过创新设计，帮助各种绿色技术实现
"扩散"，以推动经济和社会的可持续转型；另一方面，我国
需要在借鉴国际经验的同时，用人文思维，特别是东方的宇
宙观、价值观，从哲学层面对当今西方化的主流发展范式进
行反思和批判，通过对生活"意义"和生活"质量"的重新
定义，开辟全新的"深绿色"环境设计道路，实现"范式"
转型。在全球知识网络时代，绿色、智能、个性化、可分
享、可持续发展的技术、产业、经济发展模式，特别是具有
生态修复型功能的"深绿色经济"，以及"消耗更少、生活
更好"的新生活方式，必将成为引领人类文明新一轮发展的
重要支撑，也将深度影响我们所生活的环境。图1-22即娄
永琪设计的重庆市梁平新金带小学就是一个将可持续设计理

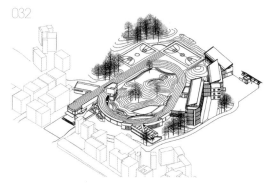

图1-22　娄永琪设计的以可持续为特征的重庆市梁平新金带小学

念与教学活动有机结合的设计案例。

五、从"闭环"到"开环"

如果将可持续的"生活—空间生态系统"作为环境设计的目标和对象，它就不仅仅是一个静态的物质空间作品，而是一种状态。这种状态包含了物质设计与非物质设计之间综合作用的一种平衡，以及这种平衡因时因势而变的可能性。

图1-23是亨里克·库贝尔（Henrik Kubel）设计的泰特美术馆的留言室，墙面上布满了被铅笔钉住的留言卡，参观者写完留言后再将卡片钉回。于是，设计师设计的不仅仅是一个静态的物质场景，更是一种使用状态，使得留言者的参与也成为设计的一个部分。

从这个案例中可以看到环境设计从"开环"到"闭环"的两个趋势：其一，是流程开环，设计的结果不是一个预设的"最优化结果"，而是成为一个动态的不断"优化"的状态；其次，更重要的是，环境设计从"设计师设计—使用者

图1-23　泰特美术馆的留言室

使用"这一单一的线性的关系，转变为更多利益相关者共同参与设计的"协作设计"（collaborative design）模式。设计师、执行者、使用者的界限开始变得模糊。伴随着设计角色和设计领域的拓展、整合时代的到来，产生了多重设计价值观，确定了环境设计需要一个更为开放的思维模式。如何使得更多人，特别是用户，通过社会创新介入环境改善的进程中来，成为环境设计的新命题。开源设计、移动互联、创新商业模式、设计软件和工具的普及，正使得这一进程变得不再遥不可及。

比如，宜家开发了面向普通用户的开源设计软件，使得普通人可以按照自己的需求和喜好自行设计"北欧风格"的家居。在这个系统里，宜家提供的是"北欧生活方式"的环境解决策略，而这种生活方式背后，除了可见的家具设计、产品设计、零售设计、色彩设计、平面设计等以外，还有更为重要的服务设计、体验设计、商业模式设计、战略设计、交互设计等在后台运作的设计支持。宜家门店，事实上是一个巨大系统的体验界面和终端（图1-24）。智利建筑师亚历杭德罗·阿拉维纳（Alejandro Aravena）设计的金塔蒙罗

图1-24 宜家商场

伊住宅是另外一个例子。建筑师设计的"半成品"的建筑留给用户充分的根据需求自我搭建的空间。这个作品预示了在建筑和城市领域的开源运动。通过一定的技术平台，人们完全可以通过开源，根据用户的个性化需求，实现用户深度定制。这种开源可以拓展到建筑从规划到设计、施工、租售、管理和维护的全流程。当然，这个愿景的实现有赖于整个产业链的开源化（图1-25）。

六、结语

关于未来生活方式的"生活—空间生态系统"是环境设计的核心对象，这里涵盖了物质和非物质两个层面。从人的体验角度出发的"人—环境"的思维，以及从可持续角度出发的"环境—人"的思维的动态综合，是环境设计的方法论基础。各相关学科方法和技能的流动性借用，以及物

图1-25 智利建筑师亚历
杭德罗·阿拉维纳设计的金
塔蒙罗伊住宅

"半成品"的建筑留给用户
充分的根据需求自我搭建的
空间

质设计与非物质设计的高度综合将成为新环境设计的特征。包括处理物质空间的产品设计、传达设计、室内设计、建筑设计，以及处理非物质空间的交互设计、体验设计、品牌战略、系统设计等专业方向的知识和技能。如产品服务体系设计（product service system design）常用的情景图（scenario）、故事板（story board）、系统图（system map）等，都已经成为新环境设计的工具。开源软硬件设计、参数化设计、数字媒体设计、大数据挖掘/分析和预测、数字化的全流程设计/管理和施工等计算机、电子信息和网络技术成为新的"硬"技术。

从就业来说，环境设计可以服务很多正在不断呈现的新需求，例如展览展示设计、博物馆和美术馆环境设计、室内产品（灯具、家居）设计、零售设计、酒店设计、办公设计、主题活动、策展、戏剧与舞台、品牌体验、趋势研究、环境产品设计、环境图形、社区营造、影视或游戏场景设计、家居或家电类企业的一体化解决策略等（图1-26、图1-27）。这里既包括传统意义上的物质环境设计服务的提供，以及进一步的一体化解决策略的提供，也包括基于创新企业，甚至是作为创业者进行游戏规则的重新定义。就如苹果公司对传统零售模式的颠覆，宜家对传统家装行业的颠覆，爱彼迎对传统酒店业的颠覆一样（图1-28）。

在这些变化中，环境设计始终处于很重要的位置，因此环境设计的学科发展也应该顺应技术、社会和经济的变化，主动地调整设计的使命、角色和方法，由对风格创造的关注，发展为在知识经济的时代成为创新的"驱动者"。

图1-26　慕尼黑宝马汽车博物馆

由德国设计师乌维·布鲁克纳（Uwe Bruckner）设计，整个墙面都是LED媒体界面

图1-27　海尔整体厨房

图1-28　爱彼迎（airbnb）首页

第二章

新环境设计的教学设计

第一节
新设计、新基础

一、设计变革与设计教育转型

设计正在从以造物为核心的活动升级成为处理复杂关系的活动。[1]社会、经济、政治、民生等相关的大规模的复杂问题，深深植根于社会技术体系和经济背景中，互相之间蕴含丰富的关联性。要应对这样的问题，势必需要对设计知识在宽度、深度和复杂度上提出更高的要求。设计教育，特别是设计的基础教育是否为此做好了准备，这一点广受质疑。其中不乏顶尖学者围绕设计教育为什么必须改变展开讨论。例如，唐·诺曼批评当代设计教育在行为科学、技术、商业、科学方法，及以实验方式探索处理复杂的社会政治问题方面毫无建树[2]。肯·弗里德曼指出："绝大多数今日的设计挑战要求分析和合成的规划技巧，而这种技巧无法仅从任何单一的当代设计专业训练中获得。"[3]克雷格·弗格尔（Craig Vogel）则提到，今天毕业的学生不再仅凭一纸证书就踏入某种终生职业，学生需要的行业执照每五到十年就需要更新一次；活跃的设计师必须敏锐地捕捉专业发展的新趋势，需要用改变来重构已有的知识和能力。[4]

在此背景下，设计教育者更关注的是，设计教育如何改变才能为新的设计人才提供所需的知识和技能。同济大学设

1 马谨：《延伸中的设计与"含义制造"》，《装饰》2013年第12期，第122—124页。

2 NORMAN D A. Why Design Education Must Change. [2012-02-20].

3 FRIEDMAN K. Models of Design: Envisioning a Future Design Education. Visible Language, 2012, 1/2: 132-153.

4 VOGEL C. On Service Design: Understanding How to Navigate Between Systems and Touch Points// MA J, LOU Y. Emerging Practices. Professions, Values, and Approaches in Design. Beijing: China Architecture and Building Press, 2014: 354.

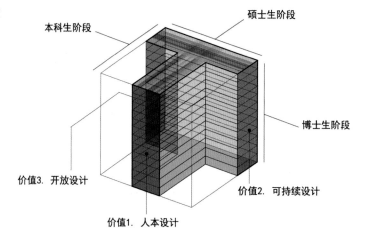

硕士生阶段

本科生阶段

博士生阶段

价值3. 开放设计

价值2. 可持续设计

价值1. 人本设计

图2-1 立体"T型"设计
教育框架

计创意学院之前的本科设计基础教学整体延续了包豪斯传统训练。但是正如2015年娄永琪在同济设计周期间"超越包豪斯"研讨会上所说的那样，包豪斯是当时社会和产业发展的产物，如果包豪斯萌发自我们这个时代，它倡导的设计教育会关注什么，它的设计基础将会训练什么内容？[1]

自2013年起，娄永琪在同济大学设计创意学院围绕同时具备垂直和水平能力的"T型人才"[2]的讨论基础上，提出了一个贯通本—硕—博的"立体T型的设计教育框架"[3]（图2-1）。本科教育以培养垂直能力为主，重点是培养具有创新思维和宽广知识的专业设计人才；硕士教育的重点从垂直能力向水平能力拓展，特别强调跨学科知识、整合创新、设计方法和国际经验的培养；博士重点培养知识和理论的厚度。[4]

1　LOU Y. Tongji, the Bauhaus, and "Beyond". Tongji University. Symposium on Beyond Bauhaus, October 15, 2015, Tongji University, Shanghai.

2　LEONARD-BARTON D. *Wellsprings of Knowledge: Building and Sustaining the Sources of Innovation.* Boston: Harvard Business School Press, 1995.

3　参见娄永琪，马谨：《一个立体"T型"的设计教育框架》，引自马谨，娄永琪：《新兴实践：设计中的专业、价值与途径》，中国建筑工业出版社2014年版，第228—251页。

4　同上。

二、同济大学本科基础教育课程架构

为了应对技术、社会、经济和环境的剧烈变革和可持续发展的挑战，同济大学设计创意学院聚焦"设计驱动的创新和驱动创新的设计"，学院将学科定位为"面向产业转型和未来生活的智能可持续设计"。时代和社会经济的新需求，以及学院的学科定位和人才培养目标，倒逼了人才培养模式和培养环节的改革。从人才的知识结构到学院的课程体系建设和教学方法，都需要一次根本的转型，而设计基础教育改革首当其冲。学生跨情境应用知识的能力、用设计思维整合技术—创意—商业的能力、创造性地沟通和表达的能力、发现和重构问题的能力、数字设计的思维和能力、战略意识、系统观、同理心、领导力等都成为重要的新能力。

以同济大学为例，在本科阶段，共设有工业设计、环境设计、媒体与传达设计三大方向。其中，专业培养的第一年是宽平台教育，所有学科方向的学生一起学习。一年级第一学期的专业课包括设计基础1、开源硬件与编程、设计思维与表达1和设计概论；一年级第二学期的专业课包括设计基础2、设计思维与表达2、计算机辅助设计等。学院结构化地设置了各门专业课程之间的关系与重点：建立"核心—辅助"的课程体系。每学期的专业课由一门主课和若干门辅课组成。主课和辅课之间是相互支撑的关系，例如：在一年级第一学期，设计基础1课程重在培养"造物能力"，包括深度观察能力以及色彩、平面、立体构成能力的培养，设计思

图2-2　陈永群等老师指导的设计基础第一个教学模块
物象的观察与记录课程的成果以长卷形式呈现

维与表达1课程对设计思维和创造性表达能力的培养分别为开源设计课程里的造物能力、设计思维能力的培养提供了支撑（图2-2）；在一年级第二学期，依托专业主修课设计基础2的结构框架，将同步进行的两门辅助课程设计思维与表达2和大学计算机的授课内容和时间节点与之进行了匹配更新，将主课设计课题中所需的表现技法和手段通过辅课以相同的结构并行介绍给学生。

　　本科二年级开始，学生们可以选择进入工业设计、环境设计、媒体与传达设计专业方向学习。尽管本科阶段的学习是以垂直能力为主，但学院要求学生同时具备跨情境运用专业知识的能力，也就是必须具备宽广的视野、优秀的整合能力和团队工作能力。为此，学院在本科阶段设置了三个横向模块："认识新技术""认识新经济"和"重新可持续"。其中"认识新技术"被放在一年级的第一学期，以开源设计课程最为典型。同时，为了让学生能够在一个相对宏观的视野里观察专业方向，以形成一个系统的设计观，学院在一年级第二学期实施了"设计四秩序"的课程改革。

1. 设计思维

设计思维在同济大学的设计基础课程中,扮演了非常重要的角色。设计思维的雏形可以追溯到1969年诺贝尔经济学奖获得者赫伯特·西蒙(Herbert Simon)的著作《人工科学》(*The Sciences of the Artificial*),其开篇对自然科学和人工科学做了定义和区分,即前者研究已经存在的事物,关注"是什么",而后者研究创造的事物,关注"应该怎么样",并且指出人工科学离不开人的设计。但真正让设计思维获得全球性影响的事件,是斯坦福d.school和IDEO将设计思维从学术界带入产业界。详见哈西·罗塔(Hassi Lotta)等对设计思维发展史的梳理(图2-3)。

IDEO公司总裁蒂姆·布朗(Tim Brown)认为,设计思维是指像设计师那样思考可以帮助企业转变产品、服务、流程和战略的开发方式。这种IDEO称之为设计思维的方式,从人的需求出发,整合可行的技术以及盈利的商业模式,从而实现产品、服务和系统创新(图2-4)。

IDEO公司进而把设计师的思考和工作方式提炼出来,使之具体化为一套可执行的流程,并结合诸如人类学、行为学等学科的方法,发展出研究方法工具包(toolkit)。通过设计思维,IDEO使得抽象的创新价值创造过程具体化,让过去只有少数有天赋的人才能做的创新"平民化"。IDEO设计思维是由一系列的操作流程、工具包和思维方式构成的(图2-5)。其核心因子包括:

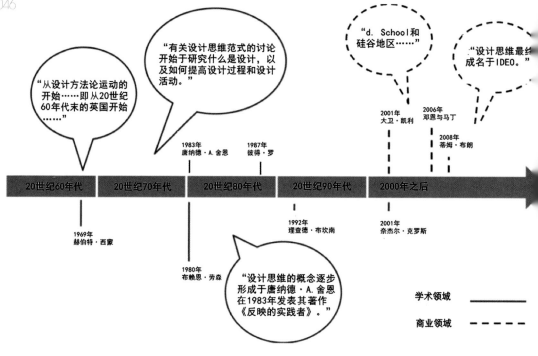

图2-3 设计思维发展史

资料来源：Hassi Lotta, Laakso Miko (2011) Conceptions of design thinking in the design and management discourses. PRODEEDINGS IASDR2011

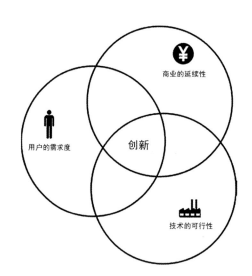

图2-4 创新的发生

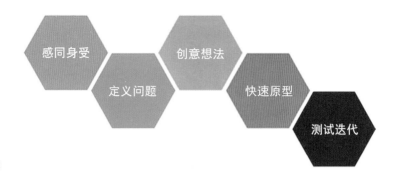

图2-5　设计思维的流程

+　感同身受（Empathize）

特别强调转换到用户或者其他利益相关者的角度思考问题。

+　定义问题（Define）

问题导向的思维。通过对问题的定义，逐步接近问题的本质，获得新的观点（Point of View，POV）。

+　创意想法（Ideate）

头脑风暴是最常用的方法。这是一个创造的过程，通过有效组织的头脑风暴获得尽可能多的想法和解决策略。

+　快速原型（Prototype）

不管是流程，还是产品、服务等概念，经过快速原型制作（可视化、3D建模、服务模型模拟等）可以实现形象化，从而人们可以对之直观地进行讨论、测试，有利于快速迭代。

+　测试迭代（Test）

通过测试迭代，可以不断地改进产品原型，产生新的洞察。

设计思维的流程融合了多种思维。溯因推理（abductive

thinking）、直觉思维、分析思维等多种思维相结合，同时发挥"左脑"和"右脑"所长。并且，在不同阶段，对不同思维方式的侧重不同。如在用户调研和概念形成阶段，鼓励发散性思维（divergent thinking），不考虑太多实际因素；在其他阶段采用趋同思维（convergent thinking），利于落地执行。

在很多设计院校，"设计思维"在研究生阶段教授。而同济大学把"设计思维"放在本科一年级第一学期教授，主要的考虑有：

（1）设计师必须了解"设计思维"。"设计思维"旨在调动人人都具备，但为传统的解决问题方式所忽视的能力。在现在的很多情境下，设计思维主要成为非职业设计师的一个思维工具。设计师了解设计思维，一方面，它的确可以成为设计师创意想法的工具；另一方面，也更为重要的是，当社会已经开始将之作为一种"通用语言"的时候，设计师更需要掌握它。

（2）仅仅有"设计思维"是不够的。为方便大家使用，斯坦福大学等采用了工具化、模式化、流程化的路径来解读"设计思维"。但创意和创新往往产生于混乱之中，因此设计思维是一种有效的方法，对学设计的学生而言是必需的，但并不是一种"更为高级"的设计。之所以将其放在一年级，是因为我们希望我们的学生能够在此基础上往更深的方向探索设计，实现设计思维和设计创造活动的结合。同时，我们也希望这个模块能与培养"造物能力"的设计基础1和培养"比特和原子世界结合"的开源硬件与编程课程之间形成相互支持的关系。

2. 开源设计

2014年秋季起，同济大学设计创意学院的本科一年级新增"开源硬件与编程"这个单元。刚进入同济大学设计创意学院的新生开始和"开源硬件和编程"打交道，这是学院"重新认识技术"这一教学改革的重要组成部分。设计院校中开设开源设计课程的，并非同济大学设计创意学院一家，但是目前只有同济将其作为基础课。课程教材由学院教师编写，没有文理科之分，由麻省理工学院设计与计算博士孙效华教授领衔的开源设计课程，让学生在"玩"的过程中掌握知识，充分享受学习的乐趣。

之所以要求所有一年级学生从入学开始便学习开源设计，是为了通过教授学生编程、智能硬件方面的基础知识，帮助他们创造性地拥抱新技术，将设计思维由"原子"（atoms，物质）世界向"比特"（bits，计算机）世界拓展，为自己的设计创意而服务，以更好地应对全球信息网络时代的特征和需求。该课程以课堂讲授与当堂练习相结合的形式来进行，鼓励同学们在掌握相应技术知识的基础上探索更多的设计方向及领域。同学们从零开始学习编程、了解硬件，经过一学期的学习和体验，能够初步掌握基本的程序原理与交互方式，并通过小组合作完成交互作品的制作（图2-6、图2-7）。课程设计充分考虑了设计专业学生的特点，使学生们在学习伊始就能体验技术带来的丰富有趣的成果，激发和培养学生探索新的创作手段的兴趣和能力，鼓励他们通过不断的练习和创作，利用所学技术为创意带来新的可能性。

图2-6 2014级学生的开源设计课程作业

图2-7 同济大学开源设计课程授课场景

开源设计课程实现了学生一进入大学，就让比特世界和原子世界尽早地在他们的脑海中相遇，其主要锻炼的是学生应对数字时代的设计思维和设计能力。在此过程中，学习计算机技术是"标"，这样做的本意，是希望给学生带来思维模式的改变。今天，设计的内涵与外延都在扩展。所谓

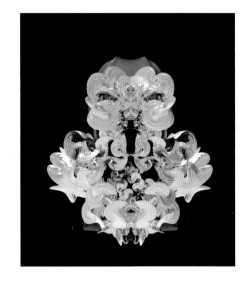

图2-8　Autodesk Maya
与Zbrush极致复杂曲面设
计，郁新安作品2014年

"造物"的"物"，即设计对象，已从物质产品拓展至非物质（信息）领域。技术的变化，极大地支撑了创造。即便是制造，也与以往大有不同。在工业时代，设计一个复杂的造型，意味着增加许多成本；而现在，利用计算机思维和3D打印不仅可以做出复杂的造型，甚至可以低成本地实现个性化生产（图2-8）。我们认为，设计教育"比特化"启蒙必须越早越好，要从一年级和基本的设计思维入手。

为了更好地支撑数字设计、开源硬件和DIY文化，2013年开始，学院建立了中国第一个Fablab（图2-9），成为中国创客运动的先驱。与此同时，学院和欧特克公司合作，支持学生应用Autodesk® Fusion 360协同设计软件进行设计和云端管理。这些新技术被内化到后续的基础课题训练当中，成为新的设计思维、表达和实现手段（图2-10）；这些教学环节对于学生的合作精神和分享意识的培养也大有裨益。

图2-9 同济大学Fablab

图2-10 学生用Autod-
esk® Fusion 360设计的
作品

作者：李佳蓉

第二节

基于"设计四秩序"的设计入门课

2014年春季学期，同济大学设计创意学院以理查德·布坎南（Richard Buchanan）的设计四秩序为理论框架，推出了面向大一新生的设计基础2，作为学院本—硕—博循序渐进的立体T型人才培养模型中的一块积木。它是一个不断被改进的工作原型。新课程、新视角、新单元的加入，带动了本科全部专业四年课程设置的全盘梳理和重建。课程框架由娄永琪和马谨提出，在此基础上，12名任课教师进一步设计了课题，细化教学过程并加以实施，并且每年根据之前的经验做出调整。关于设计四秩序的解读，在第一堂课开始之前就作为先导讲义交到了学生手上。[1]

这门课程包括以下特点：（1）有关联的全景式设计基础入门，（2）跨专业教师团队培养交叉视野，（3）课题保持知识技能的相对完整性，（4）与本科整体培养计划有机衔接，（5）设计可以激发学习兴趣的课题。

一、设计四秩序

布坎南提出"设计四秩序"（four orders of design）[2]

[1] 马谨：《如何理解设计四秩序》[讲义/未发表文献].2014, 2015。

[2] 参见：BUCHANAN R. *Rhetoric, Humanism, and Design* // BUCHANAN R, MARGOLIN V. Discovering Design: Explorations in Design Studies. Chicago: University of Chicago Press, 1995: 23-66; BUCHANAN R. Design Research and the New Learning. Design Issues, 2001, 17(4): 3-23; BUCHANAN R.

Design as Inquiry: The Common, Future and Current Ground of Design// Futureground: Proceedings of the Design Research Society International Conference. Melbourne: Monash University, 2004: 9-16; BUCHANAN R. Worlds in the Making: Design, Management, and the Reform of Organizational Culture. She Ji, 2015, 1(1): 5-20.

的概念，将设计对象分为四个领域：以文字、图形等为媒介的符号（symbols），有形的人造物（physical objects），活动、服务与过程（activities, services & processes），以及系统与环境（systems & environments）（图2-11）。在这四个领域里，人们分别发明符号传达讯息，构筑实物满足用途，连接行动实现交互，建构系统整合关系。

引入这个概念框架的同时，我们强调以下几个方面：

首先，虽然设计四秩序乍一看容易让人分别联想到平面设计、工业设计、交互设计和环境设计专业，并将每一种秩序和一种专业绑定在一起，但设计四秩序的内在联系远比这种理解丰富得多。每一种设计对象并非专属于某一个专业。这种误解会导致人们认为四个领域相互独立、在设计过程中互无关联，或认为某个专业领域的实践只需要处理单一秩序内部的要素。

其次，每一个秩序/领域都包含了此类设计对象作为一个整体应当考虑的方方面面，一个秩序/领域可以被视为看待设计对象的一个特定视角，设计过程中这四个视角会不断相互切换（图2-12）。所谓视角，可以理解成我们站在哪个位置描述设计的对象，它也决定了我们看到的是设计对象的哪些方面。而对于同样的对象，换个视角，就有可能显露出不同的特质。布坎南也指出，每一个秩序都是一处重新思考设计本质的场所。因此，在任何设计当中，交流传达的问题、造物的问题、创造并支持人的活动的问题，以及创造人类体验最大集合体的问题[1]有可能被交替关注。

最后，符号和有形物设计是专注更复杂关系的事件和系

1 BUCHANAN R. Design as Inquiry: *The Common, Future and Current Ground of Design*// Futureground: Proceedings of the Design Research Society International Conference. Melbourne: Monash University, 2004: 9-16.

设计问题领域

	传达/符号	建构/事物	交互/行动	整合/想法
发明/符号	符号:文字与图形			
判断/事物		有形物		
连接/行动			活动/服务/过程	
整合/想法				系统/组织/环境

（左侧纵轴标注：设计思维方式）

图2-11　布坎南的设计四秩序

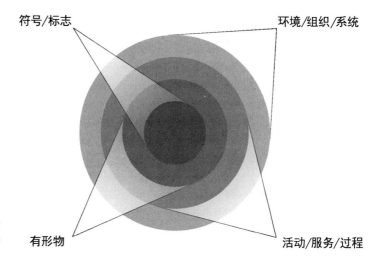

图2-12　作为处理设计对象的特定视角的设计四秩序

（图中标注：符号/标志、环境/组织/系统、有形物、活动/服务/过程）

统设计不可或缺的部分，而将设计对象置于事件和系统的视角下考量，反过来又能为设计具体的符号和物体揭示更为整体的结构关系，提供更多参考因素。[1]四秩序之间不存在高低之分，它们整合了水平向的领域拓展以及垂直向的复杂度加深，因而它们之间存在更为有机的关联性。

[1] 这一点可以从一些以设计四秩序为分析框架进行的实践案例里得到印证。如参见：NYLEN D, HOLMSTROM J, LYYTINEN K. Oscillating Between Four Orders of Design: The Case of Digital Magazines. Design Issues, 2014, 30(3): 65.

二、课程结构

同济大学设计创意学院本科设有媒体与传达设计、工业设计和环境设计三个专业方向。本科一年级为公共设计基础，一年的训练结束后，学生们选择方向进入专业学习阶段。一方面为了让学生们在接触设计之初就能够有机会体验各专业的特点，从而做出更适合自己的专业选择，另一方面为了让学生们能够从大一开始就建立比较全面的设计观，设计基础2这门为期17周的基础课设有符号、动态影像、物体和环境四个课题，每个课题历时三至五周不等（图2-13）。

四个课题直观上对应着学院的各专业方向，但并没有完整地与设计四秩序一一对应，第三秩序（活动、交互、服务）被暂时"折"了起来。我们将第一、三、四课题设为针对符号、物体以及环境这三个秩序的三个长课题；将第二个短课题（动态设计）作为符号的延伸（符号+时间），让学生们有机会接触数字媒体设计手段，并加深对比较抽象的传达设计的理解；而将需要大量符号和有形物设计支持才有可能开展的与第三秩序关系密切的服务设计和交互设计留待较高年级阶段再加以训练。

四个课题，各有侧重，相互关联。设计四秩序作为理论参照系，既提供了处理设计对象时的不同视角，又把各专业之间的密切关系领起来，从而为学生未来在更复杂的关联性中处理传达设计、产品设计、环境设计和系统设计埋下伏笔。这种关联性在跨专业教学团队的指导下得到进一步保障和强化。

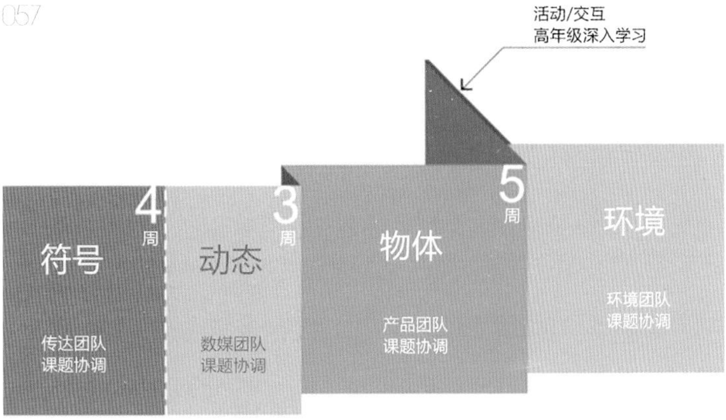

图2-13　设计基础2课程
结构

　　120余名大一学生被分为四个班级，每班由三名来自不
同专业的教师密切配合全部四个课题的指导。每个课题的设
计、培养环节、训练内容和成果要求，均由直接相关专业的
教师集体拟定并细化；在每个班级里一名直接相关专业教师
则在另外两名专业教师的配合下完成教学。因此，各课题的
主协调教学团队在三个专业中不断轮换，同时每个班级中的
主导教师角色也在教师之间轮转。这体现了从教学内容到教
学过程和方式的跨专业特点。

三、四个课题

　　以2014年为例，课程的四个设计课题分别是：关于时
间的符号设计，关于习惯的动态影像设计，以挂衣服的方
式导入的物的设计，关注流动摊贩改造的环境设计。这些
课题在知识技能上覆盖各专业，又导入人本、可持续等价
值观和设计途径的介绍，令学生们从一开始就注意到设计

与人、社会、经济和技术之间的关系，潜移默化地培养他们在观察日常生活、进行理性分析的过程中树立起设计师的社会责任感。

课题1：时间

符号设计课题的主题是"时间"，其最终成果"必须是一个落实在二维平面上的设计作品，但产生的过程或最终呈现方式可以包含三维有形物、某种交互方式、装置、行为或活动，也可以是某种系统、逻辑、秩序的结果在二维平面上的呈现"[1]。

大一学生们要想找到关于时间的独特理解并用抽象的符号表达出来，并不轻松。学生们的思维很容易被各种传统钟表或计时装置的表盘设计所限制，停留在对现有时间符号的变形和整合上。我们鼓励学生将四秩序代入设计思考和概念发展中去，从各个不同的秩序里发掘有新意的素材，再选择或创造合适的符号去表达（图2-14）。

课题2：习惯

以"习惯"为主题的动态影像课题导入数字媒体手段，提供了设计符号的新手段。我们鼓励学生们仔细观察习以为常的日常生活现象，提取背后的逻辑规律、排列方式、叙事节奏等，创造包括图形、文字、动作、声音等在内的各种符号，并且"让符号动起来"[2]。

课题最大的难点来自于技术。为了让零基础的学生们在三周内完成一段动态影像设计，课题在设置上降低了对技术

1 杜钦：《"设计时间"课题任务书》，［讲义／未发表文献］，2016年。

2 忻颖：《"习惯"动态影像设计任务书》，［讲义／未发表文献］，2014年。

第二节
基于"新秩序"系统的课程实践

图2-14　符号设计:"时间立方"

作品提取了时间的六个层次:年、月、日、时、分、秒,然后将它们映射到一个看不见的立方体上加以呈现
作者:顾金怡,指导教师:杜钦等

图2-15　习惯:动态影像设计

这段基于手绘的影片反思了人和数码产品之间的关系
作者:魏思洁,指导教师:忻颖等

手段的要求,重点放在完成一段完整的影像故事,从而使他们获得成就感,激发他们的学习热情。为了让符号动起来,学生们可以选取自己擅长或是喜欢的任何技术手段,包括手绘、定格动画、摄像、手工道具、视频编辑软件等(图2-15)。

课题3:挂衣服的方式

物体设计课题的主题是"挂衣服的方式"。课题设计体现了从其他几个秩序,尤其是从第三秩序——活动和事件——来考量具体的产品。我们鼓励学生从整合了有形物、使用者、使用环境、目的和动作的情境入手,去揣摩挂衣产品的造型、功能、材料、色彩和结构。[1]

1　马谨:《"挂衣服的方式"设计任务书》,[讲义/未发表文献],2014年。

课题由两部分组成。首先是"向大师学习"的设计研究训练：学生从老师给出的十位风格鲜明的代表性设计师中挑选一位，对其设计理念、造型语言、传达方式等设计原则进行分析提炼，然后把归纳出的设计原则运用到个人完成的产品设计方案中去。图2-16中的作品表现出了对有形物和人的行为之间关系的敏感度。

课题4：流动摊位环境改造

环境设计课题是针对街头小贩的流动摊位的环境改造。由于学生还不具备建筑和空间构造的基础知识，这并不是一个空间环境设计课题。这个课题探讨的环境是指能够促成人们活动的系统，是一个包含空间在内的生态系统。流动摊位是街头小贩和路人顾客之间实现买卖行为的一个微环境，但同时它又处于城市和社会的大环境中。教师们鼓励学生发现问题，"在特定的空间环境中，对现有的设施与工具进行合理、有创意的改造设计，让这些流动的摊位做到既能兼顾城市的秩序与形象，又能更好地满足使用的需求"[1]。

该课题涉及的方面覆盖全部四个秩序：标志、指示标牌、货架、商品陈列、工具箱、存储方式、服务流程、摊位空间环境等（图2-17）。课题旨在鼓励学生探索物与物、人与人、人与物、人与空间和社会环境之间的丰富关系，以此促成设想的人的行为。

1 李咏絮：《"流动摊头改造"设计任务书》，[讲义/未发表文献]，2014年。

图2-16 有形物设计："旅行者的衣架"

作者：蒋心怡，指导教师：马谨等

图2-17 环境设计：部分流动摊位成果展示

指导教师：李咏絮等

四、结语

基础课程的改革有助于学生用一个动态和整体的视角理解接下来要学习的专业设计课程。"原子"和"比特"思维的结合，使得学生对工业设计、环境设计、媒体和传达设计等专业方向的认识、方法、工具都有了全新的理解。事实上，这些专业方向也正在时代的变革下经历着转型，数字、信息、网络技术使得这些专业及其服务的对象正发生同样显著的变化。

设计四秩序这个概念框架能够有效地帮助师生以关联性视角导入和沟通知识。它为学生提供了一个参照系，一个与发展兼容的整体设计观，有助于在已学习的知识技能和将要面临的新知识、新技能之间建立起联系。这门课程：（1）促进对不同专业处理设计对象的视角的理解，（2）其新的设计基础以关联式的方式实现对设计专业、技术、途径和价值观的初步导入和训练，（3）为教师们在高年级阶段进行跨专业复杂课题教学提供沟通的参照框架，（4）帮助学生在经历各专业可能性之后做出更符合个人兴趣和潜力的专业选择。由于学生们学习的兴趣被逐步激发，从最终四个课题的专业完成角度来说也达到了较为令人满意的效果。

无论从短期（一学期的课程）还是长期（后续几年的专业学习）来看，知识的获取是在一个较为全面的设计观的统领下螺旋式上升，逐步得以积累、巩固和扩展的过程。本科四年，设计专业课程的复杂度和完成度会逐渐提升，但每一个阶段的设计课题都应具备相对的完整性。

我们认为，设计基础并不是基础知识点和技能的简单相加，新的设计基础必须为采用关联性视角整合知识和技能的复杂设计活动打下根基。唯其如此，本科阶段才能为以整合为主的水平能力（即面向不同问题，在不同情境下有选择地应用跨领域知识的能力）留出空间，而不是仅仅培养垂直的专业技能。

第三节

设计四秩序和环境设计教学框架

一、设计四秩序及其对象

布坎南的设计四秩序的概念将设计对象的领域分为四大类，设计处理的对象也相应地分为四大类（图2-11）。

当我们处理第一领域的设计对象时，我们创造符号（图像、文字、动作、声音都可以是符号），并以此为手段来实现沟通和交流。男士与女士盥洗室门上的图标就是最鲜明的例子；而英特尔的"灯，等灯等灯"就是用声音做的声音标识（sonic logo）。当我们处理第二领域的设计对象时，我们建构看得见、摸得着的人造物，并通过这些有形的物表达我们认为更好的选择是什么。这里，你可以想象一下一件让你印象深刻的产品，以此理解何为"物"，它可能是一把库卡波罗（Yrjö Kukkapuro）设计的卡路赛利椅（Karuselli chair，图2-18），可能是宝马的Z4；然而它们也可能是那些无名却实用的小物件，如钥匙、夹子、U盘、调味瓶之类（图2-19），生活中随处可见。更进一步的，当我们设计的对象落在第三领域时，我们制造事件、设计服务，而这些都基于对行动（action）的判断和对交互行为（interaction）的构想。虽然听起来抽象，但如果我们以智能手机为线索，

图2-18 芬兰设计大师库
卡波罗设计的卡路赛利椅

图2-19 同济学生王一行
设计的调味瓶

就不难理解这个领域的对象到底以怎样的面貌出现在生活中。要体会什么是交互，我们可以看看人们操作手机完成某个任务（譬如在日历上增添活动安排）的过程；要了解什么是服务，我们可以观察身边的网购族轻而易举地在手机上完成从挑选、交易、付款、跟踪物流到收货的整个购物流程。图2-20展示的是一个基于互联网的人车交互系统，从中我们可以看到对行动的设计。而当设计对象进入第四领域时，我们设计复杂的系统、基于各种文脉情景的环境和实现复杂任务的组织（图2-21）。在这个层面上，我们高度依赖对想法和价值的评估和整合，因此更多的学习将在研究生阶段展开，而本科阶段将从对空间和环境的建构入手为此打下基础。目前，这一领域听起来可能还陌生，但当你开始思考诸

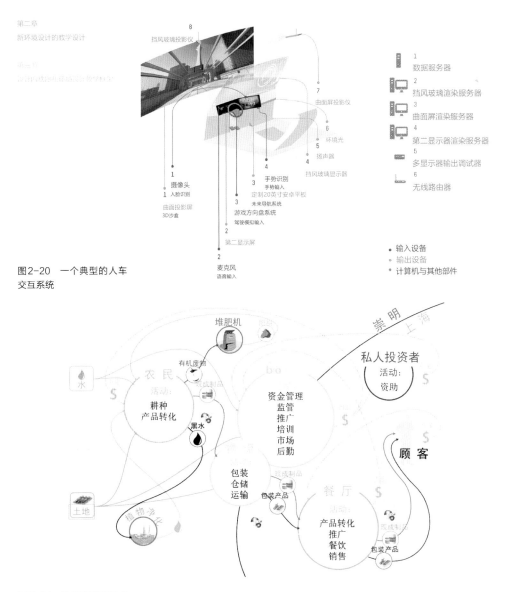

图2-20 一个典型的人车
交互系统

图2-21 设计丰收项目中
的一个系统设计

如"为什么年轻的妈妈们开始在窗台上种菜",或"剑拔弩
张的医患关系有哪些改善的可能性"之类的问题时,这个领
域更深层的大门已经向你打开。

二、困扰与讨论

乍一看，这四秩序分别与传统的平面设计和工业设计、交互设计、服务设计以及环境设计专业一一对应，一条水平延伸的轨迹直观可见。虽然这种关联非常有诱惑力，然而布坎南并不认为每一种设计对象专属于某个特定专业。这四秩序可以迅速捕捉到每个专业着重处理的内容，因而有助于我们理解四个专业之间的关系，但这一层关联不是设计四秩序唯一传达出来的信息。

这个认识非常重要。因为如果我们简单地把四个设计对象的领域分别锁定在平面设计、工业设计、交互/服务设计、环境/系统设计这四个专业里，会导致一系列对设计的严重误读。

误读1：我们可能认为这四个领域里的内容是相互独立、"井水不犯河水"的。进而，我们可能会认定一个特定的设计课题处理的对象只能是四选一，是固定不变的。因为，这几个专业是那么迥然不同。

误读2：我们可能会认为，这里面存在一个孰高孰低的问题。仿佛平面设计最初级，环境或者系统设计最高级。

针对第一种误读，我们需要澄清，每一个秩序都包含着一个看待正在处理的设计对象的"视角"（perspective）。它由一组特定元素组成，元素之间的相互关系交织成网，也把这些元素围拢成一个整体。这个视角，其实可以理解成我们站在哪个位置描述设计的对象，这同时决定了我们看到的是设计对象的哪些方面。而同样的对象，换个视角，不同的面向就有可能向我们显露。但是，也没有哪一个视角可以把某件事物的全部一网打尽。

就拿一个具体的产品设计——电视遥控器——为例。将它视为一个有形物（physical object）来看待时，我们研究它的结构、功能、造型、材料、零部件等方面；而且，不言而喻的是，我们默认这些方面是产品这个整体不可分的元素，我们是在有形物的大前提下讨论这些元素的。但是，如果在我们向用户提供了什么更合适的行为和活动这样的情景下再来检视这部遥控器，我们谈论的元素就极有可能转变为：用户、目标、行动、产品媒介和使用情景。而这些元素以及它们之间相互关联的关系网都是由第三领域"活动/服务/过程"这个视角统领的。同样是在这个遥控器项目中，我们也非常可能投入精力反复推敲一个按键的形状和色彩。我们把这个按键看作一个重要的符号，它将提示人们要如何操作，或者如何避免误操作。此刻，作为符号的图像、文字、动作、声音、含义，以及含义的沟通，这些第一领域最重要的元素就会进入我们的视野。更大胆一点设想，假如我们需要讨论可以实现遥控器所有沟通功能的一个环境或者系统，我们关注的元素将变成为实现各种沟通活动而存在的各种单元、单元间的组织形式、运作过程等——所有这些成其为一个智能环境或者系统。极有可能的是，遥控器这个原本实实在在的物在第四领域"系统/组织/环境"的视角下将融化在新的关系网络中，原本作为产品的遥控器就有可能不复存在（图2-22）。

所以，这四个领域（或秩序）对于某个具体的设计项目

图2-22 英国品牌LINN
开发的手机App，可以控
制其音乐播放器

而言，不一定是泾渭分明的单项选择。它们意味着某一个时刻设计师站在哪个立场上用哪一种视角看待其设计对象，而这个视角完全有可能改变成另一个视角。因此，这些设计的秩序不应该与四个设计专业简单绑定。

　　针对第二种误读，我们需要理解这四个领域（秩序）之间没有高低之分，却是一种互有关联的延伸。专注于后两种秩序的设计活动离不开前两种秩序涉及的对象，但后两种秩序为设计更大的整体提供了前两者所不包含的结构关系。这是一种水平和垂直方向融为一体的延伸。假如我们正在设计如何记录分享长辈的烹饪经验（一个事件），那就离不开设计具体的厨房产品，如此方能让这样一个事件成为可能。但是仅仅处理各种厨房产品是无法满足经验分享的目标的，因为这些有形的物是整个事件中的一部分；物与人互动的形

图2-23　互联网思维下的
分享自行车系统——摩拜
单车

式、目的和更深层次人的因素（第三秩序）才决定着这些物
的考量。这些，都是有形物的结构、功能、造型等元素（第
二秩序）无法覆盖的、更复杂的结构关系。反过来，如果不
落实到这些有形的物的设计，所谓经验分享的设计就只是一
个美好的想法。如摩拜单车的成功，其核心是该系统为用户
提供了优秀的体验和最大限度的便利，这是由从产品到服
务，再到系统各个层面的设计品质实现的（图2-23）。

三、设计四秩序与环境设计

如前文所述，同济大学环境设计的改革是学院在全球知
识网络经济时代寻求设计新定位、新角色、新使命、新方法
等系统思考的一个部分。为了适应设计的这个变化，同济大
学已经在本科设计基础课程中做了巨大的改革，在传统的设
计基础、设计思维与表达之外，通过开源硬件和编程等教学
环节增加了"比特＋原子"的新设计思维，以应对"数字网

络时代"的机遇与挑战；通过"设计四秩序"的一年级第二学期课程，帮助学生树立一种整体和开放的设计观。

既然我们之前把环境设计定义为致力于运用整体的、以人为本的以及可持续的方式来创造和促成一种可持续的"生活—空间生态系统"，包括人和环境交互过程中的体验、交流和场所，那么，"生活—空间生态系统"就应该成为环境设计的核心对象。

新环境设计相对于之前的环境艺术而言，开始越来越关注内容的设计、关系的设计、交互的设计、体验的设计、服务的设计、流程的设计等非物质设计的作用。这并不是说之前的物质设计已经不再重要了，而是说，这些"非物质"的设计正在起到重新整合各种设计技能和任务的作用。其中，"体验"越来越成为环境设计的关键词，就如当时"空间"取代"类型"一样，"体验"同样具有链接多种设计知识的"结构洞"作用[1]，因此对新的环境设计具有革命性意义。环境设计要从建筑学、装饰艺术中跳出来，成为一个全新的设计知识、方法和技能组织框架和思维模式，需要从基础到进阶对学科方向进行全面的梳理。同济大学环境设计专业近年来的改革就是在此方向上一系列积极的尝试。

在这里，布坎南的设计四秩序又一次发挥了作用，成为一个强大的阐释性框架（framework）。设计四秩序为环境设计研究人与自然、人与人、人与物、物（其他生物）与物在空间环境中的互动，互动产生的体验，以及互动发生的场所提供了有效的理论支撑。如果把四秩序放在与之关系最密切的设计专业的背景上来看（平面设计、工业设计、交互设

1 这里借用社会学里的"结构洞"来指"体验"可以用来链接环境设计相关的不同体系的知识。Burt, Ronald S. *Structural Holes: The Social Structure of Competition*. Cambridge: Harvard University Press. 1995.

计、环境设计），我们不难看出：设计对象的范围正在拓展，这是广度上的增长。同时，布坎南还指出，每一个秩序都开辟了一处重新思考、重新构思设计本质的场所（place）。这四秩序分别关注的问题表明了向另一层面的延伸——从交流传达的问题、造物的问题、创造并支持人的活动的问题，向系统整合的问题延伸。[1]这是设计在深度上的增长。这第二层延伸对于理解设计四秩序至关重要，它鼓励我们站在不同的角度向设计的对象提问，这也是环境艺术和环境设计的最大不同。

四、从符号到系统，环境设计之循序渐进

从二年级开始，同济大学设计创意学院的学生可以选择不同的专业方向进行学习。对环境设计专业方向的学生而言，在毕业设计之前，需要先后经历五个学期的学习，每个学期按"设计四秩序"框架有一个确定的主题：环境中的符号（Symbol in Environment）、环境中的物体（Object in Environment）、环境中的交互（Interaction in Environment）、环境中的活动（Activity in Environment）和环境中的系统（System in Environment）。每个学期的课程设计各有三至四个课题组成。

其中，环境设计的学生的专业进阶启蒙是从符号（symbol）和传达（communication）开始的。这意味着对环境设计学科基础做了根本性的重新定义：从之前的建筑的

1 Buchanan, R. (2001). *Design research and the new learning.*
   Design Issues, 17(4), 3-23.

图2-24 "环境中的图形"
学生作业

指导教师：吴端、倪旻卿

功能、空间、构造、风格、装饰等走了出来，开始关心环境中的图形，特别是在环境中的信息传达过程（图2-24）。在此过程中，"人"的感受就开始扮演重要的角色，"信息—传达—体验—反馈"对"环境"提出了新的设计要求，环境也促进或者限制了信息传达的过程。这时候，环境中的"它治"因素，如"关系"和"场"的设计，而不仅仅是那些内含物为主的"自治"系统，就成了重点。随后，在环境这个"场"中，"物体""交互""活动""系统"等被分别一一审视。这样，每学期之间以及课题之间的内在逻辑关系由之前的"类型"转换为"符号—物体—活动—系统"四秩序之间的逻辑关系。

每学期的课题设置都由任课教师根据每学期培养环节

学年	1		2		3		4	
学期	1	2	3	4	5	6	7	8
学期主题	共同基础	设计导入	环境中的图形	环境中的造物	环境中的行为	环境中的交互	环境中的系统	毕业设计
课程名	设计基础1	设计基础2	专业设计1	专业设计2	专业设计3	专业设计4	专业设计5	毕业设计
课程关键词		建构入门 空间基础 材料认知 设计初步	图形基础 信息传达 空间认知 场所营造	形态操作 空间演绎 行为尺度 数制建构	环境心理 行为图示 品牌体验 服务设计	交互体验 场景照明 空间叙事 传播体系	系统思维 生态环境	

图2-25　同济大学环境设计专业团队界定的分学期课程设计核心关键词

的要求而设计。在"物体""交互""活动""系统"这些大主题下，环境设计教学团队又进一步细分界定了若干个代表所需培养核心能力的关键词（图2-25）。如在"环境中的造物"模块中界定了"形态操作""空间演绎""行为尺度""数制建构"四组关键词；在"环境中的活动"模块中界定了"环境心理""行为图示""品牌体验""服务设计"四组关键词。这些关键词是教学的重点和纲目。为了配合这些核心关键能力的培养需求，在设计的方法和手段上，人体工效与环境尺度认知、环境图形与信息可视化、形态构成与语法、参数化设计、人机交互、用户体验设计方法、空间叙事、服务设计方法等被依次编入设计四秩序的框架。在这个循序渐进的过程中，学生对"环境"这个设计对象的认识也开始日渐丰满（图2-26）。

五、结语

以"设计四秩序"为基础的环境设计专业教学框架，为

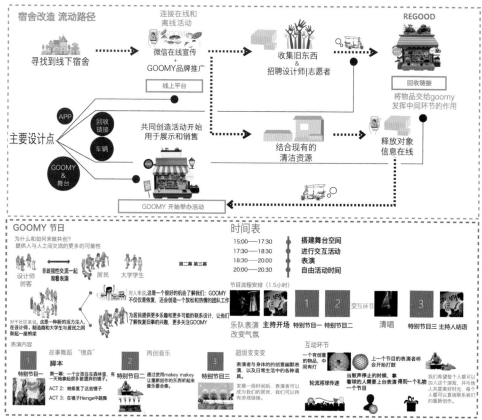

宿舍改造 流动路径

寻找到线下宿舍

连接在线和离线活动

微信在线宣传 + GOOMY品牌推广

线上平台

收集旧东西 & 招聘设计师|志愿者

REGOOD

回收链接

将物品交给goomy 发挥中间环节的作用

主要设计点

APP
回收链接
车辆
GOOMY & 舞台

共同创造活动开始 用于展示和销售

结合现有的 清洁资源

释放对象 信息在线

GOOMY 开始举办活动

GOOMY 节日

为什么和如何来做共创？
提供人与人之间交流的更多的可能性

设计师 创客

非敌视性交流一起 观看表演

居民 大学生

第二幕 第三幕

对人来说，这是一个很好的机会了解我们：GOOMY 不仅仅是恢复，还会创造一个放松和热情的团队工作

对于社区来说，这是一种新的活力注入。在设计师、制造商和大学生与居民之间 架起一座桥梁

为居民提供更多乐趣和更多可能的联系设计，让他们了解恢复旧物的兴趣，更多关注GOOMY

时间表

15:00—17:30　搭建舞台空间
17:30—18:30　进行交互活动
18:30—20:00　表演
20:00—20:30　自由活动时间

节目流程安排（1.5小时）

乐队表演 改变气氛

主持开场

特别节目一 特别节目二

交互环节

清唱

特别节目三 主持人结语

表演内容

故事舞蹈 "镜森"

脚本

特别节目一
第一幕：一个女孩住在森林里，有一天她拿起很多被遗弃的镜子。
ACT 2: 她修复了这些镜子
ACT 3: 在镜子里Henge中跳舞

再创音乐

特别节目二
通过使用makey makey让重新创作的东西听起来像乐器合奏。

超级变变变

特别节目三
表演者与身体的创意嘲笑默表演，以及日常生活中的各种道具。
发展一段时间后，表演者可以成为我们的居民，我们仍保持有游戏连接。

互动环节

一个有创意的物品，中间有灯
当敲声停止的时候，拿着球的人需要上台表演得到一个礼物
轮流将球传递
上一个节目的表演者将会开始打散
加入这个游戏，并与他人共度美好时光，每个人都可以直接联系我们的重新创作。

我们希望每个人都可以加入这个游戏，并与他人共度美好时光，每个人都可以直接联系我们的重新创作。

服务构架

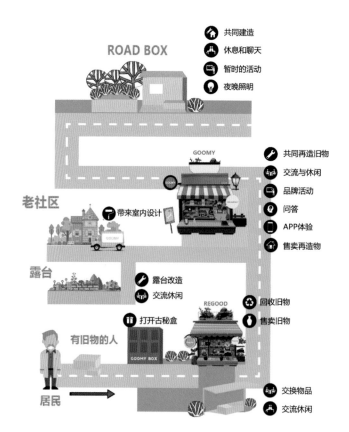

ROAD BOX

共同建造
休息和聊天
暂时的活动
夜晚照明

老社区

带来室内设计

GOOMY

共同再造旧物
交流与休闲
品牌活动
问答
APP体验
售卖再造物

露台

露台改造
交流休闲

REGOOD

回收旧物
售卖旧物

有旧物的人

打开古秘盒

GOOMY BOX

居民

交换物品
交流休闲

图2-26　同济大学环境设计专业三年级（下）课程设计"众创空间"环境设计

学生：虞倩倩、池舒丹、寻冉，指导教师：杨皓

着眼于"生活—空间生态系统"的环境设计提供了四个观察的视角。这四个视角并不能孤立地看待，只有把它们结合起来看问题，才能最大限度地接近真相。设计思维是一个迭代过程，问题和可能的解决方案是被同时探索、制订和评估的：设计过程不仅包括解决问题，也包括发现问题，从而使问题设定和解决方案制订共同展开。因此对环境设计的师生而言，在教学实践中，每个学期、每个课题、每个环节都需要试着有意识地不断切换观察问题、寻求解决方案的视角。这种忽大忽小、忽上忽下、忽左忽右的切换本身，也成为我们对"环境"进行全面认知的重要意识和能力。

第三章

环境设计的新方法和新工具

环境设计的传统设计方法和工具主要从建成环境（built environment）学科（建筑学、城市规划、景观学、室内设计）中获得。其所关注的对象包括空间、界面、形态、比例、尺度、色彩、材质、照明、家具、陈设、软装、标识、人体工程、环境心理、建筑设备、物理环境、产品生命周期等。

当下的环境设计已经越来越从一个设计专业和设计对象拓展成为一个疆域，跨学科知识和方法的流动性借用已经成为必然。在环境设计从之前的物质设计向"生活—空间生态系统"的设计拓展的过程中，特别是实现从产品和造物拓展到对关系的设计、交互的设计、服务的设计、系统的设计、组织的设计、机制的设计的转变过程中，设计的方法论、方法和工具也需要相应地及时更新。目前介绍传统建成环境相关的设计思想、方法、工具和流程的教材和著作已经汗牛充栋，因此本书决定略过这部分内容，转而介绍几种可以用在环境设计中的新方法。

第一节
人本设计方法

一、概述

国际标准ISO 9241-210:2010（E）对人本设计（Human-

Centered Design，HCD）的定义是"通过关注用户、围绕用户需求和要求展开设计，通过运用人因学、工效学、可用性知识和技术让系统更加可用。这个方法提高了效率，增加了人的幸福和满意程度，加强了可达性和可持续性，并且降低了在使用中的可能对人的健康、安全和性能产生的负面影响"[1]。人本设计方法可以应用的范畴还涉及更多的领域。

世界著名的设计咨询公司IDEO提供的诸多设计工具包中，HCD是影响力最大的一个。按照这个工具包，HCD设计流程以三步骤而展开（图3-1）[2]。第一个阶段是灵感（inspiration），主要引导我们如何开始一个设计任务并且找到明确的主题，其中的工具包括形成设计挑战（frame your design challenge）、构思项目计划（create a project plan）、组建团队（build a team）、招募工具（recruiting tools）、间接研究（secondary research）、采访（interview）、小组采访（group interview）、专家访问（expert interview）、明确对象（define your audience）、对话前餐（conversation starters）等。

第二个阶段是构思（ideation），主要是基于第一个阶段的资料进行分享、发散和构思，主要的工具包括下载习得（download your learnings）、我们如何（How might we）、头脑风暴（brainstorm）、视觉化（get visual）、协同设计（co-creation session）、快速原型（rapid prototype）等。

第三个阶段是实施（implementation），这个阶段主要是将策略应用到真实生活和市场，所包含的工具包括现实模型（live prototyping）、路线图（roadmap）、资源评估

1　参见ISO网站。
2　参见IDEO网站。

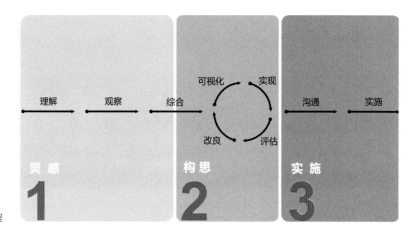

图3-1　IDEO的设计流程

（resource assessment）等。

　　对生活—空间生态系统的设计而言，人本设计是最为重要的方法论之一。它强调从用户或者其他利益相关者的需求出发，并将之尽可能地融入设计过程中，从而使得设计和使用者之前的关系获得大幅度提升。在此过程中，结合人体工程、环境心理等研究，可以对界面、形态、比例、尺度、色彩、材质、照明、家具、陈设、标识等空间要素提出具体的设计要求。将人本设计用在商业领域，可以有效地提升用户体验，实现商业上的成功；用在公益领域，则可以提高社会资源配置的有效性。

二、案例

　　IDEO和联合利华联合启动的"城市贫民水和卫生设施"（WSUP）项目是为加纳贫民设计家用卫生间的计划。这个项目以让人生活得更清洁、更健康和更有尊严为出发点，

图3-2　IDEO和联合利华
"城市贫民水和卫生设施"
（WSUP）项目团队

设计了一个全面的卫生系统，以满足低收入加纳人的需求（图3-2）。WSUP是一个定制的独立出租卫生间和一个匹配的废物清除系统。除此之外，设计工作也扩展到整个服务生态系统，包括品牌、制服、支付模式、业务计划和关键信息。[1]

在项目的设计阶段，项目组充分利用了大量的访谈、重新定义问题等来了解设计挑战的方方面面。在构思阶段，用户扮演了非常重要的角色。团队花了七周的时间完成了从学习到模型的阶段。团队每天和合作伙伴以及加纳当地人一起进行头脑风暴，最终决定了设计的方向并且开始测试这一想法。当地人喜欢什么样的风格？粪尿分集式的厕所是否奏效？当地人是否允许服务人员进入家庭？在家里厕所应该被放置在什么地方？通过制作大量的模型和修正，设计团队获取了关于这一项服务的诸多要素。当设计的成果基本成型的时候，WSUP开始尝试推出真实模型（图3-3）。产品在2012年开始投产，目前这一项目已经为超过5 000名加纳人提供了家用卫生间设计方面的支持，也逐渐改变了贫困家庭对于卫生和废物处理等问题的看法。

1　参见IDEO网站。

图3-3　WSUP项目的真实模型

三、学习资源

在运用HCD工具包之前，先要建立起"HCD思维"。所谓"HCD思维"，IDEO将它表述为一系列词语——创意自信、动手做、从失败中学习、同理心、接受模糊性、乐观、迭代，这些积极状态是我们在准备开始使用人本设计方法之前要先建立起来的。

除了《HCD指导手册》(*Field Guide to Human-centered Design*)[1]这本书，这个工具包的在线学习网站designkit.org也是一个不错的工具（图3-4）。该网站选择了多种了解这些工具的方式，比如既可以通过选择不同的设计步骤——包括灵感、构思、实施——来学习每一种工具，也可以通过问题式的方法（例如"如何开展一个访谈"）进行相应工具的搜寻。注册以后，用户还可以收藏常用的工具，并且加入在线课程进行远程学习，在HCD这个社群里和其他学习者一起掌握这种方法。

需要注意的是，HCD工具包的使用是一个灵活的过程，其中，各种工具就像调味料，用户只有根据喜好、口味、风

---

[1]　参见designkit网站。

图3-4　HCD指导手册

俗对过程进行调整，才能烹饪出一道适合的菜肴。因此，必须先熟悉每个工具，然后才能根据研究和设计的具体文化情境对它们进行合理使用。

第二节

战略设计方法

一、概述

与之前介绍的人本设计方法相较，战略设计提供了一个宏观和全局的设计维度，它与人本设计一起，构成了设计的两个基本视角。战略设计强调"面向未来"，应用设计方法生成战略，进而实施战略，从而实现设计、研究洞察和商业

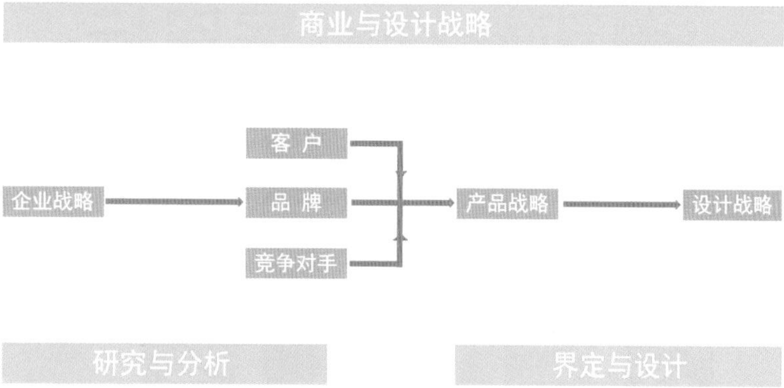

图3-5　战略设计流程

战略的整合，提高企业、组织和机构的创新力和竞争力。战略设计适合"将传统设计的一些原则应用于'大局'的'系统性'挑战，如交通、医疗、健康、教育和气候变化等，它重新定义了如何界定问题，制定战略，指导行为，并帮助提供更完整和更有弹性的解决方案"[1]。

战略设计起源于企业，但其目前的需求和应用领域已经远远超越了这个范围，政府、非政府组织等越来越多地应用战略设计，辅以其他方法，整合设计、创新、研究和管理，用来实现机构的战略目标（图3-5）。战略设计是基于一个"愿景"的设计，这个"愿景"可以是机构的、社会的、经济的和生态的。从战略设计的应用形式来看，主要包括：品牌战略，产品开发战略，企业的形象、传播、服务和管理战略等，也包括如何应用战略设计，实现联合国提出的"可持续发展目标"（图3-6）。

在《101种设计方法》一书中，伊利诺伊理工大学的维杰·库玛（Vijay Kumar）教授在分析了全球几百个成功的创新案例之后，提炼了企业创新的四大原则（以用户体验

---

[1]　参见 helsinkidesignlab 网站。

图3-6 联合国"可持续发展目标"

图3-7 维杰·库玛及其著作《101种设计方法》

为中心、系统化创新、创新型企业文化、严格的创新流程）；并在此基础之上介绍了创新设计流程，包括7个模式和101种简单、高效而灵活的创新方法。本书还介绍了苹果、谷歌、耐克等全球知名企业的创新设计案例[1]（图3-7）。

维杰·库玛指出创新过程中有七个不同模式，包括感知趋势（sense intent）、理解情境（know context）、理解人（know people）、形成洞察（frame insights）、探索概念（explore concepts）、形成解决方案（frame solutions）和实现（realize offerings），每个模式有其不同的目的和内容（图3-8）。

1 参见101designmethods网站。

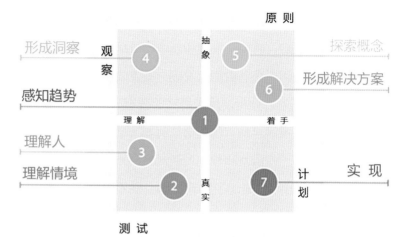

图3-8 《101种设计方法》
创新框架

对战略设计而言，理解用户本身也可以成为一个重要的战略，但战略设计更加强调对趋势的感知和对情境的理解。正是这一部分，使其明显有别于其他的以人为本的设计方法。感知趋势是指通过商业、技术、社会、文化、政策等领域的最新进展、新闻等进行趋势预测。这些趋势让我们重新组织最初的问题和发现新的机会，弄清创新的话题可以从哪里开始；理解情境是指去理解影响我们的创新机会（如产品、服务、体验或品牌）所处的环境或相关事件。集中在是否有相似的供应、竞争对手如何表现及其优势、我们与竞争对手的关系、是否有政策或法规影响我们创新话题等。关注"什么"（what）在影响我们的创新情境，包括社会、环境、产业、技术、商业、文化、政策和经济等。比如可以用出版物研究（publications research）的方法，通过查阅最新的时尚杂志，提取关键词等信息，并对之进行处理，来发现生活方式变革的趋势。

在研究之后，将之前发现和获取的数据进行结构化，分类、聚类以及组织这些数据以发现一些重要的模式，并在此基础上形成洞察。分析情境中得到的数据并思考这些模式，可能会发现未被满足的市场机会或利基市场。多样的分析数据过程，有利于使洞察和模式不断涌现出来，因此这一模式中我们可以混合使用一系列不同方法，从不同角度，对情境有更完整的理解。这个过程本身是跳跃性的，但运用有效的工具将有助于提高洞察的质量。

例如在设计丰收项目就利用了洞察矩阵（insights clustering matrix）的方式，基于实地调研数据，根据年龄、职业、需求等特征，将有乡村空间需求的人群构成洞察矩阵：聚焦退休人群、上班族、大学生、中小学生在休闲、养老、教育、创业、食品方面的需求和洞察（图3-9）。[1]

设计和技术，都是创造突破式创新的重要推动力。唐·诺曼和罗伯托·维甘提（Roberto Verganti）提到了两种创新模式：渐进式创新和突破式创新（图3-10）。[2]他们用登山游戏做比喻："以人为本"的设计，可以帮你不断爬山；但是你要从一个山头跳到另外一个山头，这就需要突破式创新。通过诱发意义改变，设计不仅可以驱动创新，还可以推动社会生活方式变革和新经济转型。所谓战略设计就是有意识地引导这一变革的方法。

如今成为美国文化象征的星巴克咖啡、沃尔玛、肯德基等品牌，都是紧紧抓住客户的需求，通过创造良好的体验，重新定义了原有市场。这些公司奇迹般地创造了众多的就业

[1] 设计丰收项目是同济大学设计创意学院娄永琪教授2007年发起的社会创新项目，旨在以设计思维促进城乡互动，第一个实践地点在上海市崇明岛。

[2] NORMAN D A, VERGANTI R. *Incremental and radical innovation: design research vs. technology and meaning change*. Design Issues, 2014, 30(1): 78-96.

	休闲	养老	教育	创业	食品
退休人群	● 归属感/与别人交往/愉悦身心/打发时间/简单医疗设施设施（与亲人联系）/气愤身体 ● 交通不便/路面状况不好/基础设施不无 ● 道路车辆少/环境安静/田园风光朴N剩余空间	● 客源/信息共享平台（消息、资源）/A4型无障碍设施/服务（交通&交通工具）/专业活动/简单医疗设施/导游/旅游服务/专业团队（服务设计团队）/简单医疗产品自动零售 ● 提升商/安全问题/交通问题/客源基础设置标准化流程服务/加强顾客黏度 ● 防大规模顾客量与稳定与活动点/丰富的活动			● 健康、安全的食品/养生/配送服务/产品包装/食品加工/客 ● 农民无绿色意识/缺乏高素质劳动力/资源难建立/没有完善的产业链/没有好的销售渠道/运营缺乏专业指导/缺乏交通保障体系 ● 大面积把土地/农村劳动力/潜在的城市大力量-高校-研究院等/越来越多的市场需求/政策支持食品安全隐患的满足
上班族	● 新鲜感/网络/本地化体验/情景化体验/挑战性/情快表/不被打扰包周围的服务/卫生、清洁的环境/轻松力为性/放空 ● 语言沟通问题/对农村了解有限/不相信认证/交通不便且对接性差/安全问题 ● 长期合作项目/专业指导需求对农村认识的转变/曾度又重大可忽略交通问题/剩余的转化与/偶野趣/无拘无束的自由感空气清新/品牌		● 网络/食宿空间/技术指导/基础设施指导/课场地/自学空间/两者设施通信（与家人联系）/知识/接近接近自然。脱离城市/接不便利 ● 基础设施不完善/交通不便利/语言沟通问题/没有粮食人去乡村接受教育的事件活动 ● 丰富的农业资源/土地/剩余空间/成本低/安静/学习气氛好，没有过多干扰/绿色健康食品	● 物流系统（产品）包装宣传/网络/专业指导/物流空间/导制/劳动力/产业链/客户交流平台/融资渠道/好的团队/政策支持/合适的项目 ● 各销售渠道/客源不稳定/食宿不高/储藏、运输等科费问题/劳动力素质不高/初始资金 ● 当地食材/当地农田&空间/当地社区劳动力/体验活动的场所/与当地农民合作成本低/竞争小	● 健康、安全的食品/养生/品牌化/品牌认证配送服务/信息化渠道/产品包装/食品加工/产品多样化 ● 农民无绿色意识/缺乏高素质劳动力/资源难建立/没有完善的产业链/没有好的销售渠道/运营缺乏专业指导/缺乏交通保障体系 ● 大面积把土地/农村劳动力/潜在的城市大力量-高校-研究院等/越来越多的市场需求/政策支持食品安全隐患的满足
大学生	● 新鲜感/网络/本地化体验/情景化体验/挑战性/情快表/不被打扰包周围的服务/卫生/交友/培养团队感情 ● 语言沟通问题/交通不便且对接性差/安全问题的设施/没有好的教学方式 ● 长期合作项目/专业指导需求对农村忽略交通问题/剩余余空间/环境安静/无拘无束的自由感空气清新/品牌		● 网络/食宿空间/技术指导/基础设施指导/课场地/两者设施通信（与家人联系）/村知识/接近自然。脱离城市/接不便利/体验性传统教学方式 ● 基础设施不完善/交通不便/没有粮食人去乡村接受教育的事件活动 ● 丰富的农业资源/土地/剩余空间/成本低/安静/学习气氛好，没有过多干扰/绿色健康食品	● 物流系统（产品）包装宣传/网络/专业指导/物流空间/导制/劳动力/产业链/客户交流平台/融资渠道/好的团队/政策支持/合适的项目 ● 各相关产业空间/缺乏完善的运输装置流/城市中的销售渠道/客源不稳定/食宿不高/储藏、运输等科费问题/劳动力素质不高/初始资金 ● 当地食材/当地农田&空间/当地社区劳动力/体验活动的场所/与当地农民合作成本低/竞争小	● 健康、安全的食品/养生/品牌化/品牌认证配送服务/信息化渠道/产品包装/食品加工/产品多样化 ● 农民无绿色意识/缺乏高素质劳动力/资源难建立/没有完善的产业链/没有好的销售渠道/运营缺乏专业指导/缺乏交通保障体系 ● 大面积把土地/农村劳动力/潜在的城市大力量-高校-研究院等/越来越多的市场需求/政策支持食品安全隐患的满足
中小学生	● 新鲜感/网络/本地化体验/情景化体验/挑战性/卫生/交友/培养团队感情 ● 语言沟通问题/交通不便且对接性差/安全问题 ● 长期合作项目/专业指导需求对农村空间/环境安静/视野宽广/无拘无束动植物		● 网络/食宿空间/技术指导/基础设施指导/课场地/两者设施通信（与家人联系）/村知识/接近自然。脱离城市/接不便利/体验性传统教学方式 ● 基础设施不完善/交通不便/没有粮食人去乡村接受教育的事件活动 ● 丰富的农业资源/土地/剩余空间/成本低/安静/学习气氛好，没有过多干扰		● 健康、安全的食品/养生/品牌化/品牌认证配送服务/信息化渠道/产品包装/食品加工/产品多样化 ● 农民无绿色意识/缺乏高素质劳动力/资源难建立/没有完善的产业链/没有好的销售渠道/运营缺乏专业指导/缺乏交通保障体系 ● 大面积把土地/农村劳动力/潜在的城市大力量-高校-研究院等/越来越多的市场需求/政策支持食品安全隐患的满足

图3-9 乡村空间 需求洞察矩阵

图片来源：ToolThue 设计团队

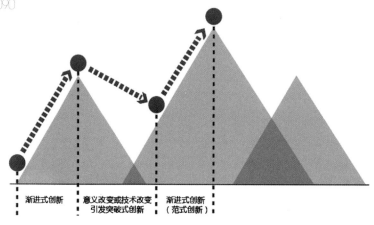

渐进式创新　意义改变或技术改变　渐进式创新
　　　　　　引发突破式创新　　（范式创新）

图3-10　渐进式创新与突
破式创新的关系

岗位和全新的经济，也成为美国文化的重要部分，改变着这
个世界。通过战略设计，实现企业突破式创新，是企业和组
织应对全球市场竞争日益激烈、产品周期短的有效手段。同
时，空间本身也是这些企业战略的重要组成部分。

　　对环境设计而言，设计者不仅仅要在当今快速变化的世
界中熟悉各种类型环境场景的设计，更要积极预测变化，推
动生活方式的变革。战略设计在未来的"生活—空间生态系
统"营造过程中起到了关键的作用。在很多时候，企业的品
牌战略，产品开发战略，企业形象、服务、管理战略，都对
"生活—空间生态系统"的设计起到了统摄作用。甚至选择
什么样的设计师来进行设计，也是战略设计的一部分。譬如
普拉达（Prada）邀请库哈斯、赫尔佐格/德默隆事务所设
计，上海家化"双妹"品牌邀请蒋友柏设计，都是这样的例
子。如果没有苹果公司的战略设计指引，苹果全球的零售店
也不会是现在这个样子。战略设计发挥了设计师的人本观、
全局观、可视化、跳跃思维、敢冒风险、行动主义等多重特

图3-11 赫尔佐格/德默隆事务所设计的普拉达东京店

征，是"大设计"中最为重要的部分之一（图3-11）。

二、案例

1. Continuum 的假日酒店空间战略设计

Continuum是一家总部位于波士顿的全球知名战略设计咨询公司。他们在很多品牌的空间设计上成绩斐然。有趣的是，他们的设计方法和一般的建筑或室内设计公司完全不一样。他们往往将空间体验作为公司品牌、产品和服务战略的一部分来考虑。例如Continuum为假日酒店完成的空间战略设计：假日酒店，这家全球化的中高档酒店服务品牌，当时正在进行战略转型——整个品牌形象向年轻、开放和绿色的方向转变。

根据研究，Continuum的设计师发现假日酒店的客人自

Chris Hosmer, Experience Driven Social Spaces. All Design, 2011 (7/8), 23-28.

图3-12 Continuum设计的"社交"餐厅和全尺寸模型

然外向，他们渴望社交、喜欢探索、尽情玩乐。Continuum认为，为使服务和商业模式更有效率，应该给大厅和酒吧空间更多的机会。这是一个完全可转换的空间系统，可根据不同时间和场合，改变餐饮空间的功能和表现形式。空间本身一直处于可变换的状态中。于是，公共空间变身为一个有吸引力的社交中心，就像一个家庭空间，实现就餐、品饮、交往、娱乐的无缝链接，大大提升了社交体验。Continuum为此搭建了1:1的全尺寸实体模型进行界面、接触点、交互和流程的研究（图3-12）。

2. 美好家居一体化解决策略

2010年至2011年间，同济大学娄永琪、杨文庆、苏运升等人领导了一个跨学科团队，为中国某知名家电品牌做了一个"美好家居一体化解决策略"，是用产业化的手段解决生活环境营造的一次尝试。

项目组对中国住居需求趋势研究表明：国家政策、生活形态、技术发展决定了中国住居精细化、高完成度的必然发展趋势；中国居民在住居上的投入直线上升，但是家电的比重却相应下降，这意味着将有新的市场机会，中国户型的高度相似性，为一体化解决策略提供了支撑；智能化和网络化趋势无可阻挡，高效、便利、健康、经济、体验是智能家居的趋势；电子商务平台链接用户、市场和生产需重点发展（图3-13）。

通过对技术和产业发展趋势、竞争对手的产品服务战略、用户需求和痛点的研究，设计组和企业团队以及利益相关者开展了若干个协同设计工作坊。项目组提出从生产家电转向生产"美好家居"一体化解决策略的战略，将设计的重点放在由家电和家具，乃至非承重墙等组成的住宅内胆界面为终端的产品组上，通过网络购买菜单的定制和集成，为用户提供个性化的产品服务体系。通过整合需求模块和智能网络，设计一个一体化、个性化、傻瓜化的产品服务体系，为用户提供能够适应不同生活方式的个性的、精明的解决方案。

项目组设计了一个开放平台，实现用户和生产的整合。通过对用户信息进行跟踪、收集、分析，进行产品线调控和购买菜单调整，最终为企业与用户之间、企业与企业之间建立可持续发展的互动开放平台。开放平台集销售服务、宣传

中国家庭厨房分类为："U"型、"H"型、"I"型、"L"型、"岛台"型　　中国家庭客厅主流房型

此六种类型符合中国家庭厨房的80%以上

"U"型　　"H"型　　"岛台"型

"I"型　　"L"型

面宽尺寸标准

进深尺寸标准

中国家庭卫生间分为三大类："L"型、"I"型、"干湿分离"型　　中国家庭卧室主流房型

"L"型　　大"L"型

在面积允许的情况下，"干湿分离"型成为主流。

"干湿分离"型

"I"型　　大"I"型

"干湿分离"型布局的卫生间（户型面积相对较大），增加空间私密性，个人卫生和衣物洗涤分开成为趋势，希望有更加舒适的洗浴体验

新中式　欧陆简约　浪漫温馨　现代风格　都市活力　自然质朴　现代风格　欧陆简约　自然质朴　新中式　温馨浪漫　都市活力

Traditional　　Modern Cold color　　Warm col

夫妇核心家庭
（夫妇退休，子女独立成家）
40后生在旧中国，长在红旗下，受

三代直系家庭
（叠加子女核心家庭）
50后童年经历困难时期
少年时遭遇"文化大革命"
青年时恰遇改革发展机遇，个体户生意大经济复苏
人迹逢时到遇城市返城危机
中老年时期享有80后的购房刚需、被啃版

标准核心家庭
（非幼年子女>17岁）
60后成为恢复高考后的第一代高等教育受益者
成长时代成为有实力影响力中国社会的中流砥柱

标准核心家庭
（幼年子女<17岁）
70后经历社会成功之后种重大变革，少年时遭遇期间，成年后接受市场经济取消就业分配，思想大

夫妇核心家庭
（新婚）
80后为计划生育国后防于独生子女
也经历改革开发的同期人
经历严峻的就业就业就业

单人家庭
（未婚）
90后经历父母创业离异高潮
经历素质教育多次变革
信息时代冲击

图3-13　中国居住趋势研究

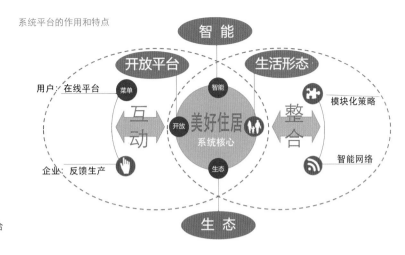

图3-14　基于互动和整合
的住居系统

推广、数据收集、多向选择、用户沟通和研发设计于一体，
联动消费者、生产商、实体体验终端、合作伙伴（包括产品
提供商，设计等服务提供商）（图3-14）。

随着市场发展和产品开发进程，从推出成套家电开始，
逐步推出集成家品、集成系统，最终推出整体家居一体化的
解决策略。软件和服务基于用户中心设计，根据不同的需
求，分成不同的模式，例如能源模式、时段模式、用户模
式、功能模式，等等。家电从此可以真正适应每个人的个性
需求。软件和服务可以基于各种开放平台进行开发，在智能
手机和平板电脑等移动终端上进行检测控制（图3-15）。

在这个平台上，用户可以通过智能总控、感应器、智
能插座监测并控制家庭电器，如太阳能板、照明系统、电
视、电脑、洗衣机等。为用户整合视听模块、空调模块、监
控模块，兼容多种操控模式。将电器整合在电视墙中，包括
电视、音响、空调、娱乐控制设备等，可升级电器，电视柜
模块可增减。根据用户的生活方式及需求，提供不同功能模

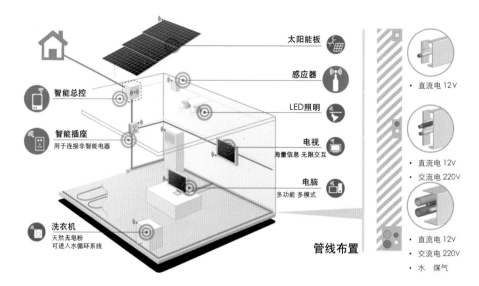

太阳能板

感应器

LED照明

智能总控

电视
海量信息 无限交互

智能插座
用于连接非智能电器

电脑
多功能 多模式

洗衣机
天然无皂粉
可进入水循环系统

管线布置

· 直流电 12V

· 直流电 12V
· 交流电 220V

· 直流电 12V
· 交流电 220V
· 水 煤气

图3-15 基于互动和整合
的住居系统

块的自由组合。例如，在桌面上显示家中各多媒体设备运行
信息，在触摸界面可控制各设备；整合无线充电模块；可满
足蓝光播放、硬盘播放等需求，并可添加各种主流游戏机功
能；提供茶海及加热茶水的模块；整合小冷柜，冰镇饮料水
果。该系统也可进行模式切换：普通模式或老人模式（易用
模式），也可监控厨房和小孩的房间（图3-16）。

三、学习资源

战略设计并没有所谓"权威"的方法和流程。美国的
伊利诺伊设计学院、帕森斯设计学院，意大利的米兰理工
大学等大学都设置了战略设计方向。赫尔辛基设计实验
室（Helsinki Design Lab），哥本哈根的思维实验室（Mind
Lab）等，都在战略设计的研究上有杰出的表现。同时，还

中央桌面

根据用户的生活方式及需求提供不同功能模块的自由组合。例如，在桌面上显示家中各多媒体设备运行信息，触摸界面可控制各设备；整合无线充电模块；可满足蓝光播放，硬盘播放等需求，并可添加各种主流游戏机功能；提供茶海及加热茶水的模块。整合小冷柜，冰镇饮料水果。

加热模块

茶海模块

家庭媒体控制中心

碟片播放　　　　数据接口。如USB，耳机孔

无线充电模块
媒体控制模块

图3-16　基于"集成家品"的客厅模块

可参考一些以战略设计出名的公司的设计案例，如伊利诺伊设计学院、帕森斯设计学院、赫尔辛基设计实验室、哥本哈根的思维实验室、IDEO、Continuum 设计公司、Frog 设计公司等网站。

第三节
用户体验设计方法

一、概述

国际标准ISO 9241-210将"用户体验"（User Experience

［UX/UE］）定义为"人们对于针对使用或期望使用的产品、系统或者服务的认知印象和回应"。也就是说，"它包括了用户使用一个产品、服务、系统，使用之前、使用期间和使用之后的全部感受"。

"用户体验"这个词最早被广泛认知是在20世纪90年代中期。在此之前，设计的主流思想是"形式服从功能"（form follows function）。用户体验设计（user experience design, UXD or UED）是指通过改善用户和产品（或系统）交互时的可用性、可达性和愉悦感，从而提升用户满意度和忠诚度的过程。[1]用户体验着眼于一个更宏观的视角，强调的是用户与产品之间的整体交互，以及交互中形成的想法、感受和感知。用户体验设计涉及组成该交互的所有元素，包括布局、视觉设计、文本、品牌、声音和交互。而设计的任务就是去协调这些元素。用户体验设计的核心是以用户为中心，它涉及社会学、认知科学、人和产品等跨学科知识。

这里提到的交互设计（interaction design, IxD）是指"两个或多个互动的个体之间交流的内容和结构，使之互相配合，共同达成某种目的。交互设计努力去创造和建立的是人与产品、服务和系统之间有意义的关系"。

随着计算机技术的发展和应用，人机交互（HCI）几乎渗透人类活动的所有领域。这导致了一个巨大转变——系统的评价指标从单纯的"可用性"（Usability），扩展到范围更丰富的用户体验。用户体验（用户的主观感受、动机、价值观等方面）在人机交互的过程中受到了越来越多的重视，已经成为人机交互的重要评价指标。与此同时，用户体验关

1 汤姆·图丽斯，比尔·艾博特：《用户体验度量——收集、分析与呈现（第2版）》，周荣刚、秦宪刚译，电子工业出版社2016年版，第5—6页。

注从用户角度出发，考虑和提升整体的、系统的交互质量也已经成为用户体验设计的重要内容。对环境设计而言，在生活空间生态系统的设计中，用户体验已然成为重要的设计方法，特别是在展览展示设计、零售设计、服务空间设计中，起到了越来越重要的作用。

1. 用户体验评估和度量

能够衡量用户体验的好坏才能进行产品或系统的改进，从而提升用户体验。用户体验评估有定性和定量两种。由于体验本质上是一种主观感知，具有不确定性和模糊性，这也就注定了对其进行的评估离不开经验型评估方法。通常的做法就是邀请一定数量的真实用户或潜在用户进行体验，并对产品进行反馈。再由用户体验从业人员根据具体的目的整理成绩效数据（如任务完成率、任务完成时间）、自我报告数据（如满意度）和用户体验问题数据（如出现频率和优先级别）。近年来，还越来越多尝试认知神经和神经方面测试（如眼球追踪和情绪反应）数据的采集和应用。[1] 然而，如何通过量化来进行评估和比较，目前还在不断摸索中。本文简单介绍两种不同的评估方法和视角。

莫维尔（Peter Morville）的"用户体验蜂巢模型"——用户体验的价值评估标准（图3-17）：

+ 有用性（useful）：你的内容必须具有原创性，并满足一定需求。
+ 可用性（usable）：简单好用。
+ 渴求性（desirable）：图像、身份、品牌及其他设

---

[1] 汤姆·图丽斯，比尔·艾博特：《用户体验度量——收集、分析与呈现（第2版）》，周荣刚、秦宪刚译，电子工业出版社2016年版，第iv页。

图3-17 用户体验蜂巢模型

计因素能够唤起情感和审美的需求。

+ 便利性（findable）：内容需要在现场和非现场可导航和可定位。

+ 可达性（accessible）：即使最弱小/残疾的用户都能使用。

+ 可信度（credible）：用户必须信任和相信你告诉他们的。

用户体验度量"揭示人使用产品或系统时的个人体验。揭示用户和物件之间的交互，即揭示出有效性（effectiveness，是否能完成某个任务），效率（efficiency，完成任务时所需要付出的努力程度）或满意度（satisfaction，完成任务时，用户体验满意的程度）"[1]。但用户体验度量的应用非常局限，无法评估情感方面，例如：

+ 用户能否使用智能手机成功地找到他们健康计划中

---

1 汤姆·图丽斯，比尔·艾博特：《用户体验度量——收集、分析与呈现（第2版）》，周荣刚、秦宪刚译，电子工业出版社2016年版，第7—15页。

距离最近的医生？

+ 在旅行网站上预订一个航班需要多长时间？

+ 用户在尝试登录一个新系统时犯了多少错误？有多
  少用户在进入一个"直奔终点"的直梯时没有首先
  选择自己要去的楼层，然后才发现直梯中根本就没
  有选择面板？

+ 有多少用户在没有文字说明的情况下能够很轻易地
  把他们的新书架组装起来，并感觉愉悦？

2. 用户体验设计方法

用户体验设计包括研究、测试、开发、内容和原型设计、评估、迭代改进等全过程。这整个过程的核心是从用户的角度来考虑他们的实际需求，这些方法来源于人机交互、市场营销和很多社科领域的技术和工具。其中，很多设计方法和工具也是人本设计和下一节中介绍的服务设计常用的（表3-1）。

表3-1 用户体验设计方法

服务蓝图	以地图的形式显示消费者与品牌的所有接触点，以及涉及的关键内部流程。以可视化的方式呈现消费者遵循的路径，以及如何改善流程
用户体验地图	探讨消费者在与服务相关的时候采取的多个（有时是不可见的）步骤的图表。让设计人员在旅程的每个步骤中制定消费者的动机和需求，创造出适合每个人的设计解决方案
用户画像	目标受众的快照，通过创建虚构人物突出人口特征、行为、需求和动机。通过具体角色的设计使设计人员更容易在整个设计过程中为消费者创造同情心
生态系统地图	公司数字化产品的可视化，它们之间的联系，以及整体营销策略的目的。了解如何利用新的和现有的资产来实现品牌的业务目标

工具名称	描述及使用方法
利益相关者访谈	在项目内部和外部中访问关键利益相关者的脚本，以收集有关其目标的见解。它有助于优化功能并定义关键性能指标（KPI）
情绪板	图像和参考的协作收集将最终演变成产品的视觉风格指南。允许广告素材向客户和同事展示产品的建议外观，避免过早投入太多时间
故事板	说明消费者在使用产品时需要采取的一系列行动的漫画。将功能转化为现实生活中的情境，帮助设计者在查看产品范围的同时，为消费者创造同情心
用户流程	可视化表示用户完成产品内的任务的流程。这是网站组织的用户视角，可以更容易地识别哪些步骤可以改进或重新设计
任务分析	完成任务所需的信息和行动的细目。帮助设计人员和开发人员了解当前系统及其信息流。可以在新系统内适当地分配任务
启发式分析	使用已知的交互设计原则作为指导，详细分析强调良好和不良做法的产品。帮助设计师在可用性、效率和经验的有效性方面可视化产品的当前状态
网站地图	最具代表性的IA产品之一，包括分层组织的网站页面图。它可以很容易地显示网站的基本结构和导航
特征路线图	具有优先功能的产品演进计划。它可以是一个电子表格，一个图表，甚至一堆便笺纸。与团队和道路共享产品战略，以实现其愿景
用户案例和场景	当用户与产品交互时发生的全面情景列表：登录、未登录、首次访问等。确保彻底考虑所有可能的操作以及每种情况下的系统行为
度量分析	由分析工具或自己的数据库提供的数字显示用户如何与所设计的产品进行交互：点击次数、导航时间、搜索查询等。指标还可以"发现意外"，在用户测试中不显示的表面行为
用户访谈/焦点小组访谈	一群人讨论一个具体的话题或问题。从中告知用户的感受、意见甚至语言。对团队而言，新的和未知的目标群对其研究非常有用
可用性测试	用户被要求在原型或产品中执行一系列任务的一对一访谈。验证和收集流程、设计和功能的反馈
卡片分类	一种方法，其中包括要求用户将内容和功能分组为开放或封闭类别。为设计师提供有关内容层次结构、组织和流程的输入
A/B测试	向不同的用户提供产品的替代版本，并比较结果，找出哪一个效果更好。非常适合优化渠道和目标网页
眼动研究	一种分析用户在界面上的眼动的技术。提供关于让用户对屏幕感兴趣的信息以及他们的阅读流程如何通过设计进行优化的数据
可达性分析	一项研究，以衡量网站是否可以被所有人使用，包括有特殊需求的用户。它应该遵循W3C指南，以确保所有用户都满意

续表

工具名称	描述及使用方法
草图	通过使用纸和笔可视化新界面的快速方法。草图有助于验证团队成员和用户的产品概念和设计方法
线框	表示页面结构的视觉指南，以及其层次结构和关键要素。有助于与团队成员和客户讨论想法，并协助设计师和开发人员的工作
原型	原型是模拟网站导航和功能，通常使用可点击的线框或布局。在完全开发产品之前，测试和验证产品是一种快速的方式
模式库	一个实用的信息库，提供了在整个网站上使用的交互设计模式的示例[和代码]。它不仅提升了一致性，而且还使得按需改进元素的过程可以更容易地进行

二、案例——某城郊度假休闲园设计

该项目是江苏某城市的一个城郊度假休闲园的设计咨询项目。项目基地位于城市的近郊乡村，前身为某疗养院，该市城投公司拟将其改造为一个多功能农庄，并邀请了Tektao工作室承担该项目的策划和设计工作。Tektao工作室经过市场调研、趋势预测、竞品分析、焦点用户访谈等研究，通过多次头脑风暴（图3-18），提出了一种"度假式工作"的新洞察，即一种新生活方式，也是一种新业态，融短期休闲、养生、工作、团队建设等功能为一体。

设计团队认为该项目的设计是"内容驱动"的，也就是说物质空间、设施设备、景观陈设等，都是为了支撑各种活动内容，而活动内容也是被设计出来的。设计团队首先对基地中各种可能的活动进行了设计（图3-19），这些活动的设计是和地块物理条件的支撑和商业模式的设计紧密结合的。在商业模式的设计中，设计团队用了商业画布的工具，最后

图3-18 头脑风暴工作坊

图3-19 在基地中各种可能的活动设计

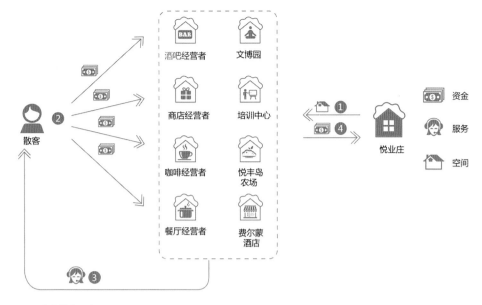

图3-20　商业模式设计

导出了三大类（基本型、推广型和增值型商业模式）、七小类面向各种不同类型的消费群体的商业模式，并对投资、收益进行了匡算（图3-20）。

能否为潜在客户提供优质的全方位的用户体验，是该项目能否成功的关键。因此，Tektao在设计中应用了多种体验设计的方法和工具，对各种可能的用户，在进园前、中、后的全流程的各种界面和接触点进行了概念设计，消除痛点，优化体验。这里用到了服务蓝图、用户体验地图、用户画像、故事板、用户流程等多种体验设计工具（图3-21至图3-25）。

在此基础上，采用了"拼贴"的设计手法，对各个重要的节点进行了意象性的设计。相较传统建模渲染的效果图，拼贴的表现手法更适合表达设计的取向，而且给深化设计留出了更多的想象空间（图3-26）。

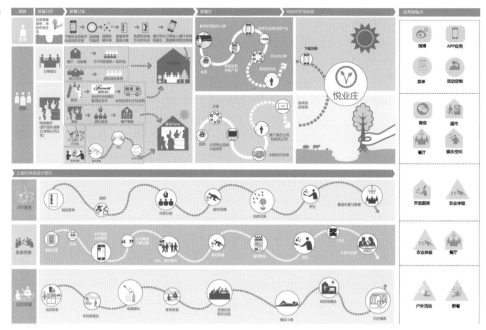

图3-21　用户体验地图

服务系统图

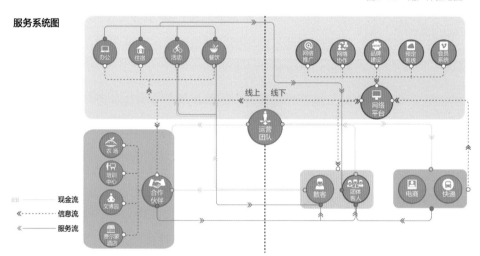

现金流
信息流
服务流

图3-22　服务系统图

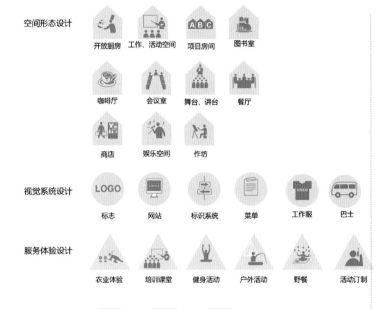

图 3-23　服务蓝图

空间形态设计

开放厨房　　工作、活动空间　　项目房间　　图书室

咖啡厅　　会议室　　舞台、讲台　　餐厅

商店　　娱乐空间　　作坊

视觉系统设计

标志　　网站　　标识系统　　菜单　　工作服　　巴士

服务体验设计

农业体验　　培训课堂　　健身活动　　户外活动　　野餐　　活动订制

虚拟平台系统设计

微信　　微博　　内网查阅信息系统

APP应用　　手机地图

图 3-24　重要触点梳理

图3-25　重要触点的空间
落点

三、学习资源

　　设计是一个复杂的过程，除了对用户的洞察，还必须考虑很多"情境"因素。需要结合具体的项目、用户和问题，来选择合适的方法组合。

扫描查看
学习资源

图3-26 场景设计意象图

第四节

服务设计方法

一、概述

全世界范围内，服务经济的比重持续上升。未来，所有的产业都必将和服务发生更大的关联。服务设计方法不仅仅被越来越多地应用在设计领域，也出现在其他诸多行业，如公共服务、金融、医疗、教育等。随着科技、社会和经济的转型，大量全新的"生活方式"正在涌现，这涉及人们的衣食住行、生老病死等各个方面。新的生活内容需要新的环境，服务在生活—空间生态系统的设计中的位置举足轻重。很多时候，服务是空间、行为和物质空间之间互动关系的核心纽带。

关于服务设计的定义众多，仅仅《这就是服务设计思维》一书就罗列了十余种定义。[1] 国际设计研究协会对服务设计的定义是"从客户的角度来设置服务"。比吉特·马格（Birgit Mager）强调服务设计不仅要从受众的方面考虑可用性，还需要从服务提供者的角度来考虑可用性。[2] 代福平和辛向阳总结："服务设计是针对提供商与/对顾客本身、顾客的财物或信息进行作用的业务过程进行设计，旨在使顾客的利益作为提供商的工作目的得以实现。"[3] 这个定义使人们能够判断哪些设计是服务设计，哪些不是；也能够衡量哪些服务设计是好的，哪些不是。

[1] Stickdorn M, Schneider J, Andrews K, et al. *This is service design thinking: Basics, tools, cases*. Hoboken, NJ: Wiley, 2011.

[2] Mager B. *Service design*. In Erlhoff M. *Design Dictionary*. Basel: Birkhäuser Basel, 2008.

[3] 代福平，辛向阳：《基于现象学方法的服务设计定义探究》，《装饰》2016年第10期，第66—68页。

**图3-27 服务设计工具
servicedesigntools网站**

服务设计关乎用户体验，但与体验设计有所不同的是，它关照的是一项服务中所有利益相关者的感受，考虑从"前台"到"后台"的全过程设计。

服务设计工具网站（servicedesigntools.org）是关于服务设计使用工具的开放网站。我们将在重点参考此网站上的方法同时，也结合一些其他资料进行服务设计工具的介绍。设计过程中有不同的设计活动，可分为协同设计、视觉化、测试和执行。服务设计认为服务提供者和使用者在某一项服务中共同创造价值（图3-27）。

协同设计相关的工具包括角色扮演、团队草图、问题卡片、粗略原型、亲和图、动机矩阵、思维导图、讲故事、人物角色等；视觉化主要描绘服务中的组成部分，包括物理组成、交互程序、逻辑关联和时间序列，让整个服务完全呈现，从而帮助所有人更加清晰地了解服务存在的问题和可改进的地方，相关工具包括服务蓝图、接触点矩阵、人物角

色、行动者地图、系统图、体验模型、情绪板、故事板、用
户体验地图等；测试阶段的工具包括服务路径、认知性遍
历、可用性测试、启发式评估等；执行阶段的工具主要有人
物分析网格、角色剧本、配置说明表、服务模型、使用案例
等。下表对主要的工具进行了描述和解释（表3-2）。

表3-2　服务设计的工具

工具名称	描述及使用方法
用户体验地图	将每个关键接触点所涉及的人物、行为、情感都标记在一张地图上，从而帮助设计师用更加全局的视角来审视某一项服务。列出服务的接触点后将接触点写在白纸上，并且用连线的方式理清接触点之间的关系，并且补充一些必要说明，包括参与该接触点的场景、人物、他们的情绪等
服务路径	服务路径图是一个有导向性的图表，用以展现在不同的接触上用户和服务的相互关系。准备一张空白的路径表和一套用于表现接触点的卡片，让参与者选择某个角色并且为其定义一个目标，选择多个可以达到该目标的接触点，在不同的接触点描述体验流程
故事板	通过图纸或者图片展示服务流程
角色扮演	典型用户和设计师参与一个假象的服务体验，构建一个潜在的服务旅程。可以多次执行一个相同的场景，改变每个情景的任务角色，以便理解不同的用户在相同的情况下如何行动
团队草图	用于在协同设计中生产和表达想法，团队内部用草图的方法分析自己的见解
问题卡片	每张卡片包含洞察、图片、绘画或描述，以此提出对问题新的解释并引出不同的观点，确定新的关键点和机会点
粗略原型	快速使用可用的物件和材料构建原型模拟服务组件，更好地向团队其他成员解释自己的想法，将想法可视化
动机矩阵	理解服务系统中不同参与者之间的关系，整合每个利益相关者的观点及其利益
思维导图	用于视觉引导和链接思维想法的工具，将问题或想法置于导图中心，然后使用标志、线条、问题和图画围绕主题建立思维系统
讲故事	作为设计方案的展示方式，使用简单语言把解决方案作为一个故事进行说明和展示
人物角色	创建重要虚拟人物并对他们进行文本描述和图像收集
服务设计蓝图	是一个描述整个服务交互过程的操作工具，通过可视化工具直观地展示整个体验过程中前台后台功能、所有的接触点、后台进程记录以及一致的用户体验

ERSONA
老

姓名：王奶奶
年龄：63
职业：退休技工
学历：中学

儿子在上海工作，和老伴在同一家工厂退休，每月大概能有1500元左右的退休金，子女平时还会给些钱，选择乡村养老，看重的空气比较好，离孩子也不会太远，身体也还好，对于嘈杂的城市生活感到疲惫，也不喜欢和子女一起住，还是喜欢安逸传统的生活方式。

■ 城乡热点分析

城乡时空分析图——主要表示路程、距离以及休闲期间在乡村和城市逗留的时间。养老者主要在崇明生活，偶尔在崇明附近的湿地公园、休闲场所走走，还会偶尔去附近的医疗康复中心做检查，她的儿子偶尔也会驾车来看看她或者将她带到城市短住一段时间。

■ 需求层级

由于目标用户以养老度假为主要目标，在需求方面主要包括健康、价值、休闲三部分；据统计所得医疗检查、再教育、培养爱好、旅游有一定难度，而最易获得的满足感是空气清新、食品健康、人际交往、养动植物、传统的生活方式等；老年人最在意的是医疗检查、空气清新、交往、被关爱、散步等。

■ 乡村剩余空间热点分析

分析目标用户在乡村对剩余空间的主动线和剩余空间的利用状态。通过设计和充分利用剩余空间满足目标用户的生理、心理以及活动需求。养老者除了在住宅社区活动外，老人们喜欢在社区中心活动，社区中心里有公共交流的场地、医护空间、食堂、小广场等。

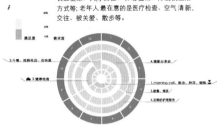

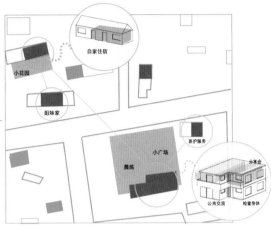

■ 时间轴

时间轴——以目标用户为例释其在农村生活的一天，引线表示该时间段接触的空间类型和活动。总结图释如下：上午社区中心会有一个早上的电话通知，一早老人会在自家的小院里种花、散步锻炼身体；中午在社区中心就餐，和子女打视频电话，然后收到前天网上选购的快递；下午有个摄影分享会，有附近学校的志愿者为老人布置场地；晚上吃完饭去朋友家喝喝茶聊聊天，晚上去社区中心做定期的护理服务。

图3-28　养老需求典型目标用户类型

例如，设计丰收项目中，就利用了"典型目标用户"（persona definition）的方法。基于前期对城市需求的调研，项目组将城市居民需求分为休闲、养老、教育、创业、食品五大类。在五大主题下分类并总结其共同需求与典型需求，通过重新组合和归纳提取典型目标用户类型（persona）。然后寻找符合这样典型用户类型特征的用户三至五人进行深入访谈，验证典型目标用户设定的准确度和典型性，这同时也是对典型目标用户类型特征的深入调研过程（图3-28）。

在提取出典型目标用户之后，通过对目标用户群的需求定位、趋势、行程时间轴、城乡时空图、剩余空间热点图等进行全方面多层次的分析和整理归纳，来完整呈现所提取目标用户群的特征。

二、案例——舒缓病房服务设计

这一项目是同济大学设计创意学院studio2的研究生课程，主要针对社区医院进行服务体系设计。其中一个小组（小组成员：关心、马宇虹、钱栎、奥特拉·阿里格尼）是针对舒缓治疗（亦称临终关怀），这是一种帮助临终病患平静度过生命最后时光的医疗手段，涵盖了病人家属、医护工作者乃至社区及社会群体的一种人文层面的情感联系。团队成员思考舒缓病房能否通过提升自身服务体系以达到服务更多人群、改变社会对于临终病人普遍观念的目的，抑或对医院、社区、社会产生价值贡献乃至更深远的意义。

以临终关怀、舒缓病房为调研对象，通过网络资料收集后，团队发现在中国能够提供临终关怀医疗护理的医院最早成立于1987年。在近30年间，临终关怀病床的数量发展却远不及医疗整体水平的发展。至2013年，上海的舒缓病床数量仅234张，至2015年病床数量上涨至1 000张，此数字相较于每年数十万的癌症病患人数以及数万的死亡病例来说，无疑是杯水车薪。课题中的社区医疗中心是杨浦区两所能够提供临终关怀服务的社区医院之一，而这10张病床在我们观察的过程中却时常存在闲置的情况。

调研主要通过实地观察和采访两方面展开。观察的范围主要分为三层，首先以舒缓病房及病人为中心，其次以围绕

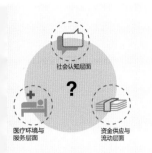

社会认知层面

?

医疗环境与服务层面

资金供应与流动层面

1 田野研究
- 观察
- 图像
- 预审

2 访谈计划
- 怎样接近演员
- 更具体的提问

3 数据分析
- 基于数据的观察
- 研究的具体关注点

4 具体访谈
- 基于数据的观察
- 研究的具体关注点

5 向医院呈示
- 分析反馈
- 新关注点

图3-29　工作流程

访谈过程

基本信息 (5分钟)

姓名　　居住地
年龄　　工作地
性别　　薪资
教育水平　家庭情况
背景

目标/核心 (45分钟)

你做护工有多少年？
期间有多少人去世？
期间你的精神状态有无变化？
护理过程中有无困难？
工作和居住环境如何？有无困难？
公司提供的软硬件资源有哪些？
工人需要做记录和报告吗？
你和医生护士一起工作吗？

(以护工为中心)

动机 (10分钟)

你为什么愿意当护工护理？
你为什么选择这家医院？
上海和你老家有什么差别？
为什么不带小孩呢？

医生护士需要你给的信息吗？
工作中要使用什么设备？
请描述一下一整天的工作流程。
如果遇到突发情况，你会怎么做？
你和公司的关系如何？
你有假期吗？
临终关怀你为什么空床那么多？
在你看来，医生护士身上有什么问题？

(以病人为中心)

图3-30　利益相关者采访

病人提供看护及服务工作的家属、护士、护工、医生的生活和工作状态展开，最后在宏观层面以医院、相关服务单位以及社区、政府为对象进行调研。调研过程中，团队采用"影子观察法"来发现体系中可能存在的"痛点"以及改造的可能性。采访的对象主要以护士和护工这两类与病人密切相关的工作人员为主。采访分为了不同的阶段，在最初阶段，采访倾向于半开放式，在一些关键问题上给予受访者引导，采访内容主要来自于医护工作者的自述（图3-29、图3-30）。经过几次采访的实地调研，我们得以将不同的利益相关者与组织机构之间的联系进行提取与规整，绘制出一张能够初步展现联系与可能性的系统图。

在中期与院方汇报和协同设计之时，团队得到了诸多建议。我们发现，在现有的医院环境中，如着眼于临终关怀系统中具象的问题点，往往难以得到妥善的实际解决方案。因此，我们决定从系统层面入手，宏观地呈现出现有系统中的可能性与潜在价值，帮助医院梳理繁杂的内部系统，做出合理判断，改进现有系统，最终提高社区医疗服务质量及效率。

在经过一系列讨论之后，我们确立了问题陈述，即当前的临终关怀系统存在大量潜力，而服务系统不够明确、系统参与关系粘连复杂等是难以解决系统问题的原因。系统中各个角色之间存在不同等级的情感、信任等关系及潜在联系可能。然而，现有的运行系统中，院方、服务对象以及社区并未明确舒缓病房的共同价值，因此该服务系统依然存在巨大的可能性。

此次课题，我们旨在清晰地展示当下的舒缓病房服务系统，帮助院方挖掘现有系统中的可能性与潜在机遇，帮助社区医院明确其核心服务价值，全方位制衡现有系统中的利弊关系，最终达到医院、社区、社会之间的互利共赢。

在系统可视化的过程中，我们通过三个层面来诠释医院的发展与未来的可能性，即资金、情感和合作。

在资金方面，我们试图用商业模式思维分析临终关怀服务系统，运用商业模式画布以及金钱流向图进行分析。（图3-31、图3-32）

在情感关系方面，我们通过不同关系角色及要素进行分析判断，发现护工、护士是与病人及家属关系中最重要的部

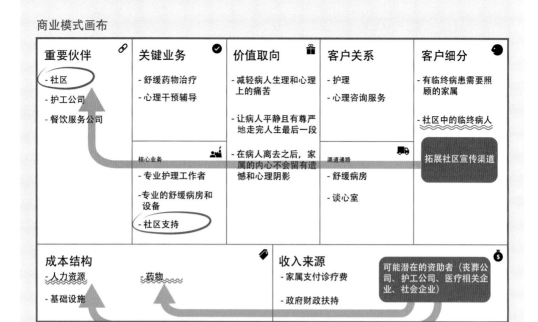

图3-31 商业画布

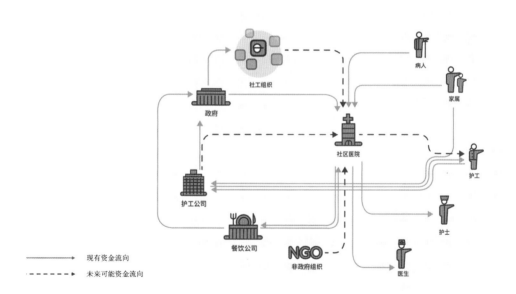

图3-32 服务体系资金流

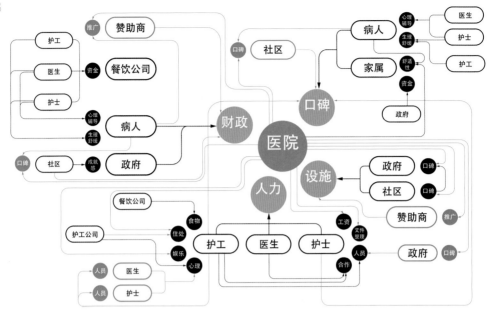

图3-33 服务体系系统图

分。在合作方面，社区与政府亦能为医院提供更多合作的资源与机遇（图3-33）。在这个案例中，服务体系成为串联空间和环境的纽带。

三、学习资源

服务设计工具的运用是一个迭代的过程，需要在多轮讨论和测试中逐渐明确设计方向。服务设计的工具和其他设计工具——例如用户体验、人本设计——既有相通之处，也有自身特色。

扫描查看
学习资源

第五节

环境叙事与场所营造

一、概述

　　对于"场所"的概念,学术界有着各种讨论和定义。最早的研究源于人文地理,多伦多大学的地理学家雷尔夫(Edward Relph)从场所(place)和无场所(placelessness)的不同体验来描绘场所感(sense of place)这种微妙的人地关系,他认为场所是过去的经验、事件以及未来希望的呈现。挪威建筑理论家诺贝格-舒尔茨(Christian Norberg-Schulz)提出的"场所精神"(genius loci)成为建筑领域重要的定义,他以现象学的方法把建筑空间与人的生活的意义联系起来,他认为场所是"具有清晰特征"和"生活发生"的空间。凯文·林奇(Kevin Lynch)、扬·盖尔等众多学者则分别从场所的结构(structure)、可意象性(imaginablity)、意义(meaning)、行为(behavior)、体验(experience)等方面对场所给予解析。

　　"空间是指在日常生活三维场所的生活体验中,符合特定环境的一组元素或地点:两地点间的距离或特定边界间的虚体区域"[1]。它是有长、宽、高三维物理尺度的概念,现今还可延伸为网络空间、数字空间和思想空间等。而场所是一个人记忆的一种物体化和空间化,是对一个地方的认同感

---

[1] 诺伯舒兹:《场所精神——迈向建筑现象学》,施植明译,华中科技大学出版社2010年版,第7页。

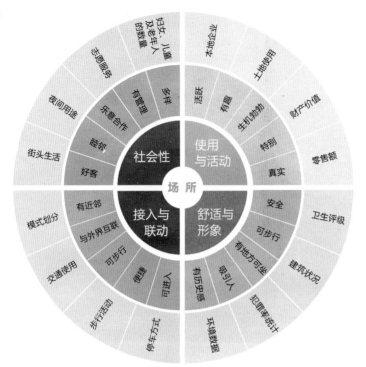

图3-34　如何创造一个好的场所

和归属感。场所是一个抽象的概念而非具体的形态，它是针对空间而言的定义，场所的深度和广度只有在具体情景中才能被界定。场所营造（placemaking）也是一个融合多元、复杂多变的过程，在这里对场所的研究范围被限定为公共空间的人与场所的互动关系（图3-34）。

场所营造的方法有很多，环境叙事（narrative environment）作为先锋的整合设计概念，它从创意的广度切入，将建筑、设计、策划、写作以及项目管理等内容融于一体，通过合适的多元感官形式语言、媒介运用，在一个空间（虚拟／真实）内创造环境与体验，以达到对一个"故事"（主题）的叙述。这一设计概念，可运用在城市环境、公共空间、展览设计策划、综合活动设计策划、历史遗迹展示、休闲娱乐体验、品牌环境、产品发布等方面。

　　叙述学（narratology）又称叙事学，20世纪初诞生于法国。马修·波泰格（Matthew Potteiger）认为，叙事是人们形成经验和理解景观形式、形成结构和构造的方式，是一个比"故事"更全面、更丰富的术语。[1] 环境叙事，"叙"和"事"可以拆分开来理解：叙，就是讲述和表达（telling and expression）；事，就是故事与内容（story and content）。环境叙事是用一种方法去演绎一个基地，通过人们认识空间特性的讲述和故事，去创造独特的体验及其与人们的想象和期望之间的联系。有一个便于记忆的等式：叙述（故事）+环境=有记忆的体验。叙事设计传达了设计师想要表达的概念（即故事）以及表达概念的方式（即讲述方式）。"叙事"的概念为人们理解空间提供了更多的途径，同时其跨学科的发展趋势也为环境体验的创造提供了不同的借鉴角度。

　　如何用环境叙事设计将空间转化为场所？简单地说，就是要挖掘基地的故事，然后赋予这个地方的故事以一种形式。调动视觉、嗅觉、声音、事件、行为等多种空间体验的方式，引发场所的记忆和联想，改变原有场所的物理属性，塑造全新的场所特征和体验。环境叙事与其他叙事媒介不同，当人们在观看屏幕或阅读书籍的浸入式体验过程中，很大程度上是置身于故事之外，但环境叙事可以使人们直接走进环境空间中，从实体、情感上沉浸在叙事空间里。在设计过程中，环境叙事将参观者转移到故事的世界中，提供可以

---

[1] 马修·波泰格，杰米·普灵顿：《景观叙事——讲故事的设计实践》，张楠，许悦萌，汤莉译，中国建筑工业出版社2015年版，第v页。

触发新想法和情绪变化的体验。进入这个故事世界的参观者不是被动的接受者，而是作为积极的参与者在空间中活动、阐释、表述，并在自身心理空间、实体空间、社交空间和社交媒体上制造属于自己的体验。

环境叙事设计的步骤和方法包括制定设计任务书、基地图绘、设计方法演进、视觉形式转译、设计细节可视化、建构基地环境、设计评估等，表3-3对其主要的工具和方法进行了描述和解释。

表3-3 环境叙事设计的工具和方法

任务书	与任务委托方商定任务书或者制定自己的设计任务书
基地图绘	通过以下的问题可以帮助展开基地调研，了解存在的问题和可改进的地方，并得到设计元素： ＋ 这个基地的特征和问题是什么？ ＋ 这个基地的历史和未来是什么？ ＋ 谁是这里的使用者？谁会对这里感兴趣（潜在使用者）
设计方向 演进	分析和总结在图绘中得出的设计元素，并使用标志、线条、问题和图画围绕"故事"建立关系图
视觉形式 转译	＋ 通过一个设计隐喻（metaphor）来转化设计方向——材料、灯光、图像和声音等。 ＋ 把隐喻（metaphor）扩展成故事（story），创造故事环境，演员、事件、冲突和结局，故事和情节编织在一起。并设问下一步会发生什么？ ＋ 设问谁在诉说这个"故事"？语气如何？ ＋ 设问谁在聆听这个"故事"？受众如何接收和参与这个"故事"？预测他们的心理反应及行为变化。 ＋ 反思和想象你的"故事"展开的顺序和信息，里面的角色如何转换，然后把故事放置在基地中
设计细节 可视化	＋ 绘制基地图纸和模型。 ＋ 在故事板中绘制使用体验图。 ＋ 构建设计故事原型并在基地中测试。 ＋ 设计细节可视化

续表

设计步骤	工具与方法
建构基地 环境	+ 制作模型。 + 基地中材料测试。 + 综合测试设计装置
设计评估	+ 商业化成功案例：有明显的销量上升，有大量媒体报道及曝光率。 + 教育性成功案例：越来越多的人从中受益。 + 社会性成功案例：社区凝聚力增强，城市活力增强及可持续性

　　环境叙事设计作为一种场所营造的方法，通过"故事"将公共空间与人们联系起来，也就是改善人们对环境的感知过程——对一个场所在历史、体验和情感方面做出保护和回归，创造体验与互动，提升可持续性和建成环境的质量；帮助人们营造一种可持续的公共空间，以此来加强场所的凝聚力，用改善现有场地的方法来取代建造新空间的模式。场所是人们随着时间推移所投入情感的环境，而场所营造将有利于城市社区物质、社交、环境以及经济的健康。[1]

二、案例

1. 创意性场所营造

　　这一项目是同济大学设计创意学院"环境叙事和场所营造"的研究生课程与英国中央圣马丁学院环境叙事专业的联合工作坊。项目主要探究如何运用"故事"的力量组织与呈现公共空间的独特空间体验，并使之成为可读、可展示、可参观、可体验的场所。工作坊给予学生们三个实践基地，分

---

[1]　参见Charter of Public Space. Adopted in Rome, final session
of the II Biennial of Public Space, 18th May 2013.

图3-35　空旷屋顶变身为
同学们分享故事的乐活舞台

别位于同济大学设计创意学院新教学楼的屋顶、隔墙和广场，以下仅以屋顶为例。

云端筑梦

同济大学设计学院的屋顶平台地面铺置防腐木，屋顶被设计院楼和居民住宅楼包围，学生通过基地调查分析，前往各个角度观察这块屋顶平台。项目旨在于设计创意学院创意工坊的屋顶打造一个创意互动平台。这样一个被高楼环绕的屋顶，不仅是学院的学生们交流、分享的平台，也是整个大环境中的一个舞台，发生在其中的事件会成为被周边建筑中的人所品读的故事。最终设计以一片片云朵的形态为基本型在地面绘制，并将其运用到遮阳器具、坐具等三维构筑物的设计以及地面的环境图形设计中。其中，使用者可以自由地使用地面云状图形所限定的白色空间。抽象的形态允许他们发挥自己的想象力自由涂画，记录并分享各种想法，使其成为一个故事不断的乐活舞台（图3-35）。

2. 开放营造：四平空间创生行动

开放营造（Open Your Space，简称OYS）项目旨在帮助城市社区的公共空间提升可持续性、舒适性和可达性，从而改善建成环境的品质。项目探讨城市社区物理空间基于社会及文化内涵的社区情境，结合中国城市环境中的设计因素与社会情境之间的关系，激活设计因子在城市生活和建成环境中的催化作用。本课题通过挖掘四平社区的剩余公共空间，用环境叙事的方法进行场所营造，从公共空间的"问题"出发，探寻弥合或修补"问题"的可能性。受邀设计师和环境设计方向的本科生们通过问题图绘和环境叙事等场所营造的方法，发展可能的设计介入策略，创造有"故事"的场所。团队运用环境叙事中的环境图形语言与空间环境结合进行分析，理解场所特性和故事，从图形角度观察空间、理解空间、探索空间体验，运用图形元素营造空间体验，重塑使用者和空间环境之间的体验与交互。

"圈圈王国"将原本没有被合理使用的自行车停车区域，改造为提供儿童玩乐的钻爬设施及城市街道坐具，为社区的小居民们提供户外活动场地，在补足缺失的社区功能同时促成交往分享社区的生成（图3-36）。"节奏"通过在垃圾房前的空地上增设色彩缤纷的跳步游戏，同时结合垃圾分类的基本常识，以色彩、趣味互动的方式改造和美化垃圾房及周围环境，给每天在校门口进出的学生们不一样的行走体验（图3-37）。"树晶球"为提升苏家屯路夜间锻炼体验，以微创意介入，将半透明交互球体装置悬挂于树丛中，随着行人增多亮度也更强，吸引人们在树下停留，成为一处促进交流的媒介（图3-38）。

公共空间中的30多个微更新实践，在真实的社区场景中实现设计干预，改善了社区物理属性以及空间体验。许多

图3-36 "圈圈王国":自行车停车区域被改造成儿童玩乐场所

图3-37 "节奏":寓教于乐且改变行走体验

图3-38 "树晶球":一轮"明月"成为晚间最受欢迎的聚会场所

微创意设计给社区带来了直接和积极的影响，促进了当地居民和社会资源的共同参与及共同创作，使四平的公共空间更具趣味和功能性。环境叙事的创意性场所营造是公共空间规划、设计和管理的多元化手段，通过发掘地方社区的优点、价值和潜能，为公共空间创造了愉悦的体验，并提升了城市的品质与活力。

三、学习资源

扫描查看
学习资源

纽约的非营利组织"公共空间项目"（Project for Public Space, 简称PPS）是一家一直以"场所营造"为中心的研究机构，其网站定期分享全球关于场所营造的设计案例与思考。

第四章

从符号到系统：
环境设计五模块

第一节
环境中的符号

一、概述

"环境中的符号"模块，是环境设计专业二年级第一学期的主题，也是环境设计专业学生的专业模块。这个模块重点讨论如何应用符号，包含图形、文字，甚至声音、动作等的设计，来满足对特定功能和活动环境的高品质需求，同时也讨论符号在环境中呈现的方式及其意义。该模块围绕"轻介入的场所体验营造"展开，关注的始终是"交流和体验"（Communication and Experience）。

通过对熟悉的、易感知、可操作的空间进行以符号为工具的轻介入场所营造，培养学生关于空间尺度、人的行为和体验的基本知识与设计能力；帮助学生从图形角度观察和理解空间，探索并且尝试运用图形元素营造空间体验；使学生了解人、空间以及两者之间的交互关系，同时对材料、色彩、尺度、空间、场所等设计元素有基本的理解；此外，还要训练学生观察和分析的能力，以及设计思维的表达能力（图4-1）。

基础训练包含：环境尺度认知训练、环境中的符号与平面中的符号训练。

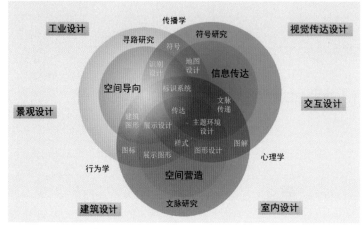

图4-1　符号与环境

二、课题设计

该模块教学分为三个阶段：

1. 阶段一：符号介入熟悉的建筑环境

示例课题：小建筑的符号介入

小建筑设计分析是环境设计专业学生的第一个课题。将符号这一形态介质置入三维甚至四维的建筑环境之中，引导学生思考如何以创新的角度探索符号在空间中的文化性、趣味性和功能性等多元价值。

学生根据不同的功能要求，选择设计范围，面积不小于15平方米。通过观察调研分析，选择的设计范围需符合要求，可以运用视觉图形的方式进行改造提升。学生也需提出视觉图形与环境空间的结合所带来的空间体验的变化策略，而符号介入的设计方法则形式不限，可用二维平面、数字媒体交互、灯光方法等（图4-2）。

图4-2　旗袍服装工作室的
符号介入

作者：杜菲

2. 阶段二：符号与场所营造

课题示例：

（1）我的学院（My Dream College）——环境图形设计介入

同济大学设计创意学院的空间，在设计之初为场所营造预留了许多可能性，无论室内室外都是不断变化、更新、生长的空间。我们要求学生深入探究学院空间的设计与文脉，仔细观察学院空间的各个角落，看看是否是自己理想中的学习、交流、成长和生活的场所（可以是学院室内或室外的空间，也可以是一面墙、一个角落、一个教室，或者卫生间、入口、楼梯、走廊等任何他们认为需要改善的空间）。这考验他们能否运用符号的设计与空间结合，并且运用轻介入的手法，以创新的视角和多元的媒介来探索学院空间的更多场所塑造可能性，设计属于自己的学院空间（专属角落）。

该练习为小组作业，三人一组完成，每组选址不得重复；学生通过观察调研分析，选择学院中适合的空间进行改造设计。学生需采用问题引导型思维和研究方法，探讨针对

图4-3　D & I蒲公英冥想空间

作者：曹力文、程亚航、张天成

选定空间的设计策略，并在设计策略的前提下，探讨视觉图形与环境空间的结合所带来的空间体验的变化和改进；在不破坏空间基础的前提下，在真实空间制作1∶1的原型，运用各种可能的手法展现自己的设计，记录效果的同时收集用户体验反馈（图4-3）。

（2）邻里场所再设计（Redesign for Neighborhood Place）

四平社区的大部分小区建成于20世纪七八十年代，随着时间的推演已经成为人们眼中的老旧社区，建筑外观老化，基础设施落后，公共空间品质一般。但是它们却有着相对成熟的本地生活网络和社区文化根基。如何帮助四平社区塑造更好的场所文化精神，是这次课题的出发点。

楼道主要由入口门厅和过道构成。它作为邻里的公共空间，是串联起整栋楼宇的物理载体。楼道设计，不仅仅是将环境和平面要素创意性地融入空间，提升空间品质（满足功能性、互动性、趣味性、参与性），更是激发居民融合、以设计驱动社区参与的社会化过程。学生分组对选定的楼道空间进行全面调研，涉及楼道公共空间的使用状态、居民生活方式、楼道使用及利用方式等，提出设计调研报告（research report），其中包含研究方法（research methods）、问题图绘（issue mapping）、问题陈述（problem statement）、用户档案（user profile）、案例分析（case study）、设计挑战（design challenge），以及提出场所营造目标设想（hypothesis）。

课题不限定"介入形式"，从挖掘楼道公共空间的"问题"出发，探寻弥合或修补"问题"的可能性。设计方案应不只满足社区居民日常活动、安全性和空间尺寸的需求，因为楼道公共空间不仅仅只是个空间的概念，其中更重要的是进入空间的人们。从空间到场所的营造都要充分体现阅读、展示、体验、参与、交流与互动，使之成为社区居民日常自下而上活动的"共享空间"。面向公共领域的方案，不仅要满足必要性活动的要求，在空间尺度、心理感受和安全性等方面都要有周密的考虑，而且要大幅提高这些户外公共空间的"可停留"性和"可观赏"性，使之能够激发交流和互动。同时，也要结合居民生活方式、活动行为、社区服务等内容要素，使该空间变成城市居民进行情感、物质、经济和信息交流的平台；关注公共空间和社区整个系统的关系；通过微创意的设计介入增加生活空间的趣味性与参与性；改变人们"不良"的生活习惯，等等。

课题要求学生通过访谈、现场放样实验等形式来测试和评估新设计的场所，并收集用户反馈意见、个人对设计与研

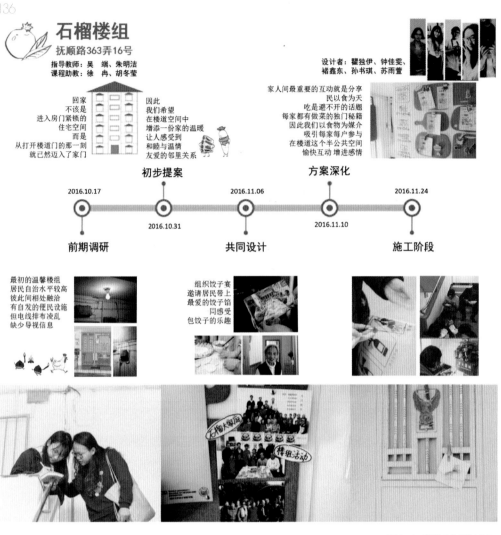

石榴楼组

抚顺路363弄16号

指导教师：吴 端、朱明洁
课程助教：徐 冉、胡冬莹

设计者：瞿独伊、钟佳雯、
褚鑫东、孙书琪、苏雨萱

回家
不该是
进入房门紧锁的
住宅空间
而是
从打开楼道门的那一刻
就已然迈进了家门

因此
我们希望
在楼道空间中
增添一份家的温暖
让人感受到
和睦与温馨
友爱的邻里关系

家人间最重要的互动就是分享
民以食为天
吃是避不开的话题
每家都有做菜的独门秘籍
因此我们以食物为媒介
吸引每家每户参与
在楼道这个半公共空间
愉快互动 增进感情

前期调研   2016.10.17   初步提案   2016.10.31   2016.11.06   共同设计   方案深化   2016.11.10   2016.11.24   施工阶段

最初的温馨楼组
居民自治水平较高
彼此间相处融洽
有自发的便民设施
但电线排布凌乱
缺少导视信息

组织饺子宴
邀请居民带上
最爱的饺子馅
同感受
包饺子的乐趣

图4-4 楼道空间设计介入

作者：钟佳雯、孙书琪、瞿
独伊、褚鑫东、苏雨萱

究成果的自我评价，以及未来的改进可能等信息。方案经深
化后，各个小组对其实施，并根据材料、色彩、技术等因素
在实施过程中的效果反馈进行修正，并记录实施过程（图
4-4）。

3. 阶段三：符号与信息传递

示例课题：

同济大学校史馆2017年升级版导向标识系统设计。

2017年同济大学建校110周年校庆之际，同济大学校史馆以全新的面貌成为面向未来的同济品牌文化体验中心，起到承前启后的作用，成为同济的品牌宣传中心。校史馆旨在表现学校面向未来可持续发展、创新驱动及国际化开放的办学理念，弘扬学校同舟共济的文脉和价值观。校史馆通过展示媒介与载体，来展现同济对当今时代的回应，让受众以最直观的方式参与、体验、见证同济的历史、现状和未来，提升其对同济品牌文化的认同感。

关于校史馆的整体提升设计项目中，导向标识系统设计是使用者体验的"第一界面"，也是将导向功能与空间信息结合的重要信息界面。设计范围包括校史馆建筑空间内部，从校门至校史馆的室外空间部分导向标识，以及平面或电子界面媒介，形成完整的系统。

学生需完成对基地空间的研究分析，以及寻路体验与决策点的研究。他们需要对基地及用户进行全面调研，收集并分析案例，提出设计调研报告、设计概念及目标设想。

设计方案分为两部分：导向标识单体设计及点位设计。单体设计包括单体的形式、材料、工艺及界面信息设计；点位设计则是对各个单体在空间中详细位置的设计。学生可以通过现场放样实验等形式来测试和评估设计的导向系统，进行用户测试，收集用户反馈意见并改进设计。再根据改进的设计完成最终方案图纸，直至达到可以指导施工的深度（图4-5）。

盟洗室　女盟洗室　男盟洗室　无障碍盟洗室

箭　头　　出入口　　楼　梯　　电　梯

交互展厅　放映厅　访客登记　纪念品商店　咖啡厅

禁　烟　校友查询　问询处

图4-5　校史馆导向标识系统设计

作者：张少涵、黄文心、赵俊娇、顾斐琦

第二节

环境中的物体

一、概述

　　"环境中的物体"模块，是环境设计专业二年级第二学期的主题。该模块重在帮助学生在研究环境中深化对"物体"形态、质感、色彩和成型原理的理解；掌握自然要素——风、声音和光在"物体"形态定义上的关联和互动；思考人的心理感知对于空间构建和定义的关系；展示物体如何作为文化的载体承载社会关联。在技术上，学生需要通过正反、阴阳的空间互换，理解物体的虚实构成和图底的衍生过程，二维图像（section）与三维空间（posher）之间的关联，模具和浇灌、数字和制造、建构（tectonic）和形态（form）的转换和实践；将物质、信息、人文和社会关联综合在"环境中的物体"中，

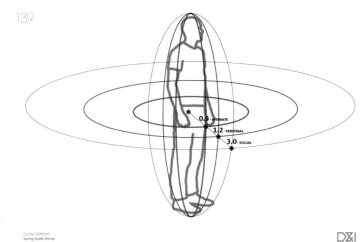

图4-6 个体的私密，半开放和社交空间心理环境

在设计和构建过程中思考物体和环境之间的关系。

二、课题设计

1. 个人空间——认知人体的物化尺度和空间的心理环境关联

学生通过对自己身体的实体理解和认知，以及对心理感应的空间的定义，来界定环境和尺度。"人"作为环境中的第一种研究"物体"出现，和环境发生着关联。每个学生通过定义和限定自我，界定符合各自物理和心理的私密，个人面对陌生人，半开放地在社交空间内，以虚拟的实体形式呈现——通过模型来制作一个"物体"模型，以定义和展示这样的划分（图4-6）。

学生装置出现了各种的可能：有的以可调节性作为课题的重点和亮点，"物体"随着心理感受的变化而发生形态的

Course 55002305
Spring Studio Recap

DXI

图4-7　可变动装置
作者：曹立文

Course 55002305
Spring Studio Recap

DXI

图4-8　一把社交"花伞"
作者：周亚之

演变；有的依据设定的距离，通过"感应器"和LED屏幕精确回应自我的心理；还有一种诗意的表达，将自我视为世界的主体（图4-7至图4-9）。

2. 自然的空间——认知自然中的"物体"

通过对自然中"物体"——岩石、山体、海洋、冰山、洞穴、蚁巢等的观察和研究，理解自然形态中原始几何形态的实体和虚空、结构和模块式样（pattern）、组织和生长之间的关联（图4-10）。

学生抽取自然中的物体作为原型，组合出相对应的平面

Course 35001105
Spring Studio Recap

图4-9 （左起）芭蕉叶、
Invisible、智能社交手袋

作者：张忠进、陈梦迪、李
志浩

Source 35001105
Spring Studio Recap

图4-10 自然中的物体的
空间正负和转换认知

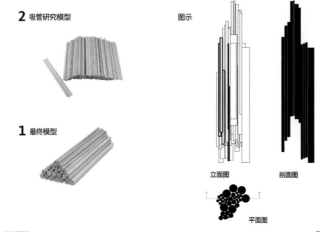

2 吸管研究模型

图示

1 最终模型

立面图　　　剖面图

平面图

DXI　　图4-11　材料和结构生成

构成意向，在600mm×600mm的平面组织基础上形成二维几何形和正负关系、虚实的转化和图底关系；接下来，选取几种不同尺寸的圆木棍，使用简单推拉（push and pull）的方法，生成立体三维空间的建构，通过镜面和渗透观察物体，构建发展实体和空间虚体之间三维图案的对置关联。在实体模型建立的过程中，通过平面、立面、剖面的绘制，推敲三维空间和二维平面之间的转化，理解空间的物体和呈现表达的关联（图4-11至图4-14）。

3. 立方体——空间虚实浇灌和置换，自然因素的形态制约

自然中光、声、风等自然因子的引导，成为物体空间生成的参数化关联[1]，为物体空间生成导入了环境关联的机制，形态生成和环境关联的联动体现了数字时代天人合一的理念（图4-15）。

空间的虚实对置和关联，通过制模和浇灌的方式，呈现

1　本课程同步"设计技术3：自然要素分析和设计呈现"以及"数字化环境"课程。

图4-12　学生最后的模型
呈现和图底表达

图4-13　基于"岩洞"原
型的最后呈现

图4-14　基于"音频"原
型的最后呈现

图4-15   环境中的自然影响因子

空间三维结构、形态、正负的关系（图4-16）。

环境中的"物体"功能和结构尺度，以及材料特征也成为模型生成一系列不可缺失的条件。模具实体和浇灌实体操作不仅强化了三维图底关系，也强化了数字模型和制造的关联（图4-17、图4-18）。

4. 物体的文化载重——上海豫园游客中心

除了物理和心理的环境联动会影响物体形态生成，文化环境对于物体和空间的影响也非常大。后互联网时代对于"环境中的物体"有着更高的人文要求。物体承载的文化含

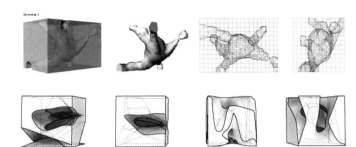

图4-16 空间的虚实关联和互换

图4-17 模具和浇灌的空间对比

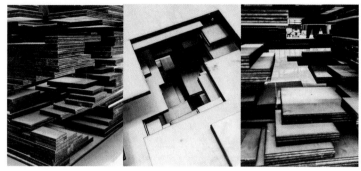

DXI 图4-18 授予光的空间构成

义如何通过物质和媒介的方式呈现出来，从而贯穿东西、连接古今，是本课题的重点。豫园现有环境中的树木、假山、水体、建筑及园林空间限定和关联了认知，需要通过抽取正反形和环境分析，用新的关系增强和延续现有传统的经典构建方式，激发一种文化关联。

学生需要在功能和尺度需求的前提下，理解实体空间和模型之间的比例变化而带来的演变逻辑，在此基础上，关注构造、材质、结构和空间形态的关联性（图4-19）。

在接下来的课程中，我们将进一步缩小尺度，让学生落实空间演绎，强化1：1模型建构中节点构造和结构式样，融入多媒体和数据可联动，通过传感器和大数据等开源建构实现"原子"和"比特"在物体中的互联呈现。在强化营建过程中，将物理、心理、文化融入人和自然的关系。

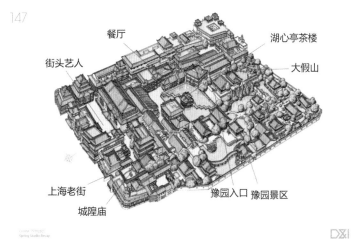

餐厅　　　　湖心亭茶楼
街头艺人　　　　大假山
上海老街　　豫园入口　豫园景区
城隍庙

图4-19　豫园的经典和空间

第三节

环境中的行为

一、概述

在空间环境中，每一个供人们进行生活、工作、活动的特定空间，都是为使用者服务的，是容纳人们物质、能量和信息交流的场所。人作为空间环境中的主体，其行为、心理都直接与周围的环境发生着各种联系，人会主动选择、利用、调整环境，环境也会在不同程度上影响、引导人的行为和心理，人与环境之间是一种"互动"的关系，这种"互动"将通过人的行为来实现。在课程中我们将帮助学生去认识这些关联，并将其合理地应用在设计中。同时，通过三个课题的训练（分别是宿舍空间的改造设计、社区公共空间的再造计划以及商业空间的品牌体验终端设计），以循序渐进的方式帮助学生们逐步认知环境，从居住型空间、服务型空间和商业零售空间的具体设计中，了解不同尺度、不同类型的空间设计内容。

二、课题设计

1. 学生宿舍改造设计

此课题以同学们生活居住的集体宿舍作为设计改造的对象，在亲身体验的基础上，同学们需要深入理解生活起居空间的概念，分析此类型空间的特征、分类、主要构成要素，通过对个人空间的使用方式研究，认知环境，了解空间度量、功能、属性，确定空间复杂性与行为复杂性的关联，打破空间环境与行为割裂的设计模式，将生活居住空间与学生的生活起居行为特征相联系。并且针对空间使用中遇到的关键性问题提出有效的解决策略，以使用者行

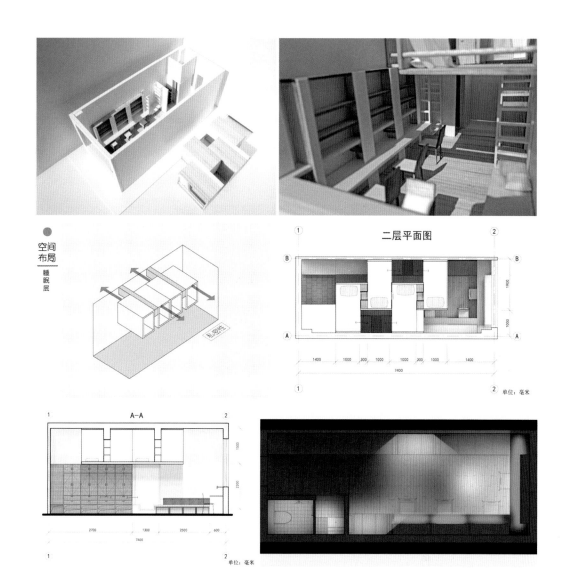

为需求为指导，将人与环境的关系和空间适应性体现在此

次改造设计中（图4-20、图4-21）。

2. 社区公共空间设计

此课题针对的是传统社区公共空间的重生计划，即社区

公共服务型空间设计。社区公共空间作为构成城市形态总体

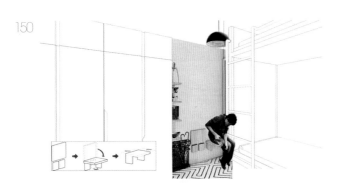

图4-21　2+2Gentlemen

作者：江垚、贺亮、张志远

框架的重要组成部分，在城市生活、社会交往中扮演重要的
角色。而时代的发展使得社区公共空间在形式和内容上都发
生了很大的改变，面对社区生活的新需求，我们提出了营造
社区公共空间的新思路：以创造一个多样化、充满活力的社
区公共空间为目的，提高社区公众意识，激活传统社区，邀
请人们更多地参与社区活动、享受社会公共资源。

　　课题要求学生们首先从人的行为需求出发，通过对社区
公共空间行为模式的研究，了解公共空间环境和社会交往的
相互作用，研究环境行为学与社区空间互动性的关联；其次
从环境认知出发，了解社区公共空间的形态、场所、构建以
及设施，研究社区中与人们日常生活息息相关的互动性空间
类型和构成要素。最终的设计成果体现了学生基于使用者行
为需求的环境设计和服务设计内容：空间不再只具有单一功

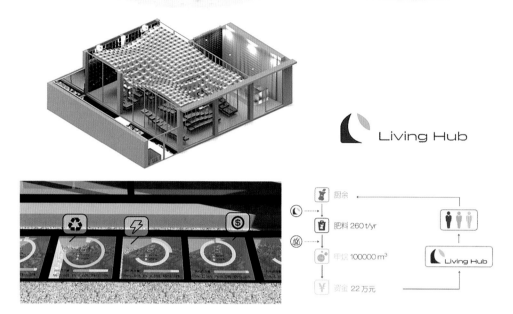

图4-22　Living Hub
作者：江垚、杜菲、曹力文

能，而是有了更多的可变性与灵活性；尝试营造主动式的空间体验和互动设施，加强人在环境中的适应性与参与度；同时，通过对社区服务系统和流程的设计，为居民提供全方位的服务（图4-22、图4-23）。

3. 品牌体验终端设计

我们希望通过此课题，帮助学生建立对商业品牌及商业室内空间设计的基础了解与认知，学习在有实际对象及客观条件的情况下，完成从品牌策略到终端形象营造的整体过程，同时综合前面阶段对于行为和环境互动性的研究，进一步训练对空间界面的处理能力、近人尺度的陈列结构造型设计能力、交互方式设定、创新性的体验设计等技能。学生需要为传统品牌——上海英雄笔业——设计一个能够集中体现

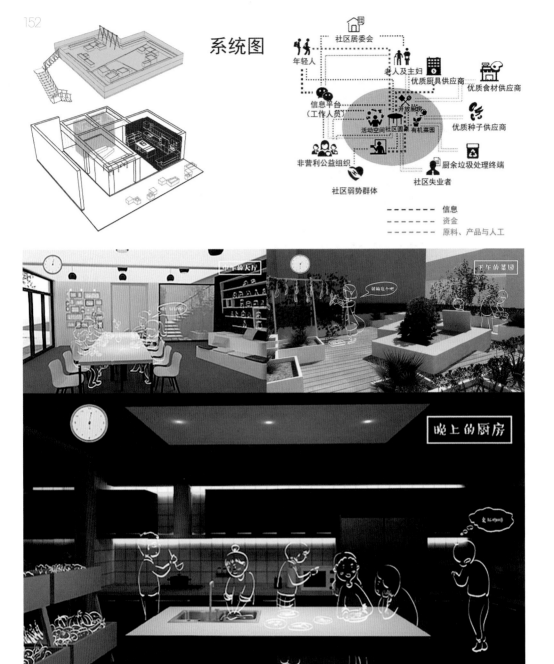

图4-23 YU社区圆桌

作者：施立雯、朱梦婵、
徐嫱

品牌理念、满足产品销售、传达品牌精神、倡导新的生活方式的综合性品牌中心（图4-24至图4-26）。

图4-24　你的颜色

作者：陈梦迪、许铭、赵倩

图4-25　拾光

作者：应晓丹、赵娇娇、陈岩平

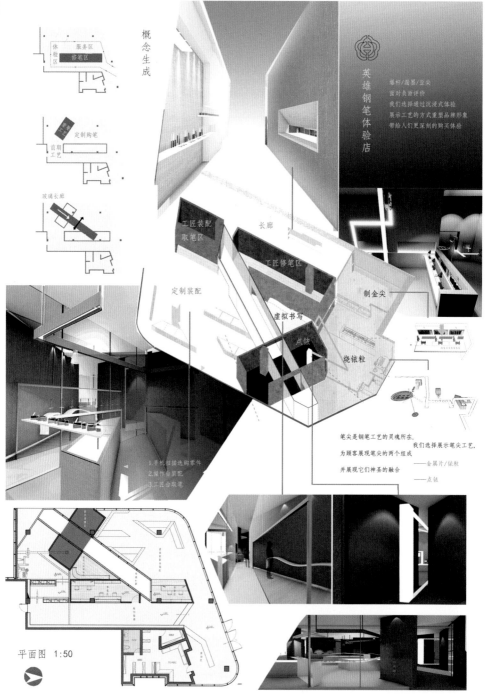

概念生成

英雄钢笔体验店

墨杆/滴墨/歪尖
面对通负面评价
我们选择通过沉浸式体验
展示工艺的方式重塑品牌形象
带给人们更深刻的购买体验

工匠装配
取笔区

长廊

工匠修笔区

定制装配

制金尖

虚拟书写

点铱

烧铱粒

1.手机扫描线购零件
2.操作台装配
3.工匠合取笔

笔尖是钢笔工艺的灵魂所在，
我们选择展示笔尖工艺，
为顾客展现笔尖的两个组成
并展现它们神圣的融合

——金属片/铱粒

——点铱

平面图 1:50

图4-26 HERO Campus

作者：张蓓蕾、李姿蓉、张
志远

第四节

环境中的交互

一、概述

环境设计专业三年级下学期的专业设计4课程的主题是"环境中的交互"。这门课程是在三年级上学期"环境中的行为"模块的基础上，进一步引导学生关注人类在环境中的行动和体验，关注人们如何通过符号和产品去开展行动，与环境中的其他人、与其所身处的环境互动，从而形成生活体验，并建构自身的意义和价值。同时，这门课程有意识地将上述这些关联性——人与人、人与物、人与环境之间——放在系统中去考虑，引导学生去认识和理解，作为一种方法论，环境设计促成人类系统的整合，也就是对信息、物质性的人造物，以及生活、工作、游戏和学习环境中的交互的整合。

课程聚焦的核心是环境中的人们如何通过"产品中介"的影响与其他人相关联。这里的"产品中介"不仅仅包括环境中的物质性存在——形成空间的建筑、景观、家具和其他载体，以及它们形成和承载的符号、图形和文字等，还包括环境中用户、参与者、服务提供者等利益相关者的体验、行动和服务；[1]并且探索在环境这个整体和系统的影响下，人们如何采取行动，如何形成体验的具体形式，以及如何评估行动的相应后果。

1　Richard Buchanan: *Design Research and the New Learning*. Design Issues: Volume 17, Number 4 Autumn 2001.

为了培养学生以上层次的设计思维能力和实践操作能力，课程设计了一系列的实践课题，围绕以下四个关键方面展开：交互体验、事件设计、空间叙事和舞台场景。课程将这四个关键方面的内容置入三个阶段实践课题中，包括：阶段一，社会交互与协作式社区；阶段二，空间叙事与交互场景；阶段三，身体与空间的探索。课程结合主要知识点的导入和相应工具方法的训练，以及对设计实践的不断探索，引导学生形成自己的设计视野和行动（学习）路径。

二、课题设计

1. 阶段一：社会交互与协作式社区

四平社区协同更新

项目主要引导学生进入真实世界的设计情境，将环境设计作为一种干预手段和整合的方法论来认识，了解其在今天的社会技术转型情境中，可能扮演的角色、发挥的作用和介入现有生活系统的途径。

课题选取学院所在的四平社区街道作为场地，让学生进入身边的社区环境中，借助人本设计（HCD）工具包、101种设计方法等，通过观察、采访、采集资料信息、分析和发现，去认识环境中人与人之间的社会交互和传播；同时，通过文献阅读和案例研究，了解社会交互的基本结构，以及与之相关的设计实践操作，了解人的行为与其所处的环境空间之间的认知关系，了解环境设计对人类行为的影响，对设计如何干预社会行为、社会交互和事件及其途径建立初步的认识。

在此基础上，我们提出问题：在这样一个旧居住社区，其基础设施、社会服务和组织方式已越来越难以有效解决日益突出的问题和矛盾，设计院校作为一个第三方组织机构，能否以及如何借助其资源溢出和设计力量，介入其中，去逐步引导和促成一种可持续的、协作式的生活方式，同时提升环境品质？

在四平社区假设一种新的社会关系，居民、公众和介入其中的设计师及其他第三方机构，都能参与其中、融入其中，让人们感觉自己是这个社群、社会的一部分，共同去形成一个社区生活的协作式组织和生态系统，这样一种环境中的交互是本课题的目标，它包括各个参与其中的人们之间的交互关系、人们与所处的环境（系统）之间的交互关系，以及这些交互所产生的体验。课题要求学生充分融入社区生活，理解社区居民的生活和趋势，广泛挖掘资源，建立愿景，发展协作式组织的系统框架，并在此基础上去设计促成这种新的、可持续的替代性关系的空间、产品、服务和传播策略（图4-27、图4-28）。

学生在课题设计实践过程中，需要注意以下几个方面：

第一，需要建立一种连接宏观到微观的设计视野，既要从行动者、行动、受益者、所有者、价值、环境/情境、产生的转化等关键要素及其之间的关系建立事件的基本框架，又要以同理心去认识和考虑各个关键的行动者，将他们放在新的关系情境中去思考，使设计能够打动他们，促使他们选择新的关系和行动的体验和交互。

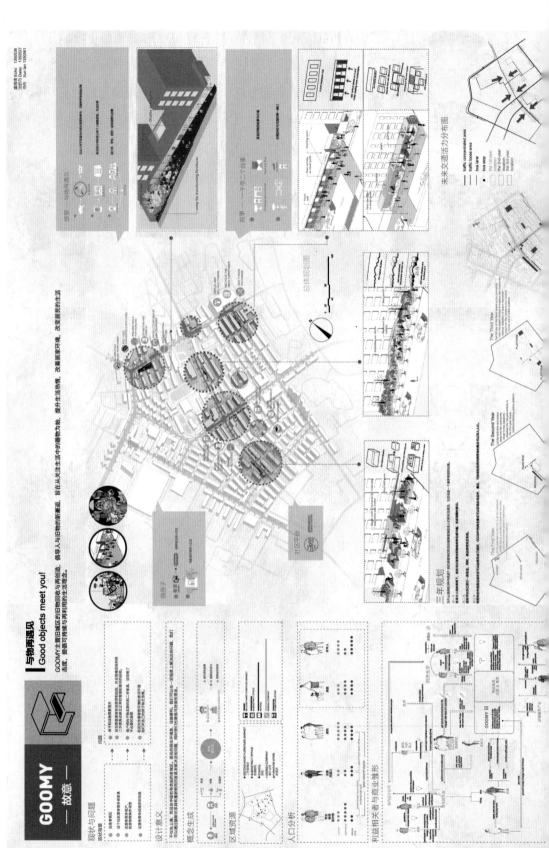

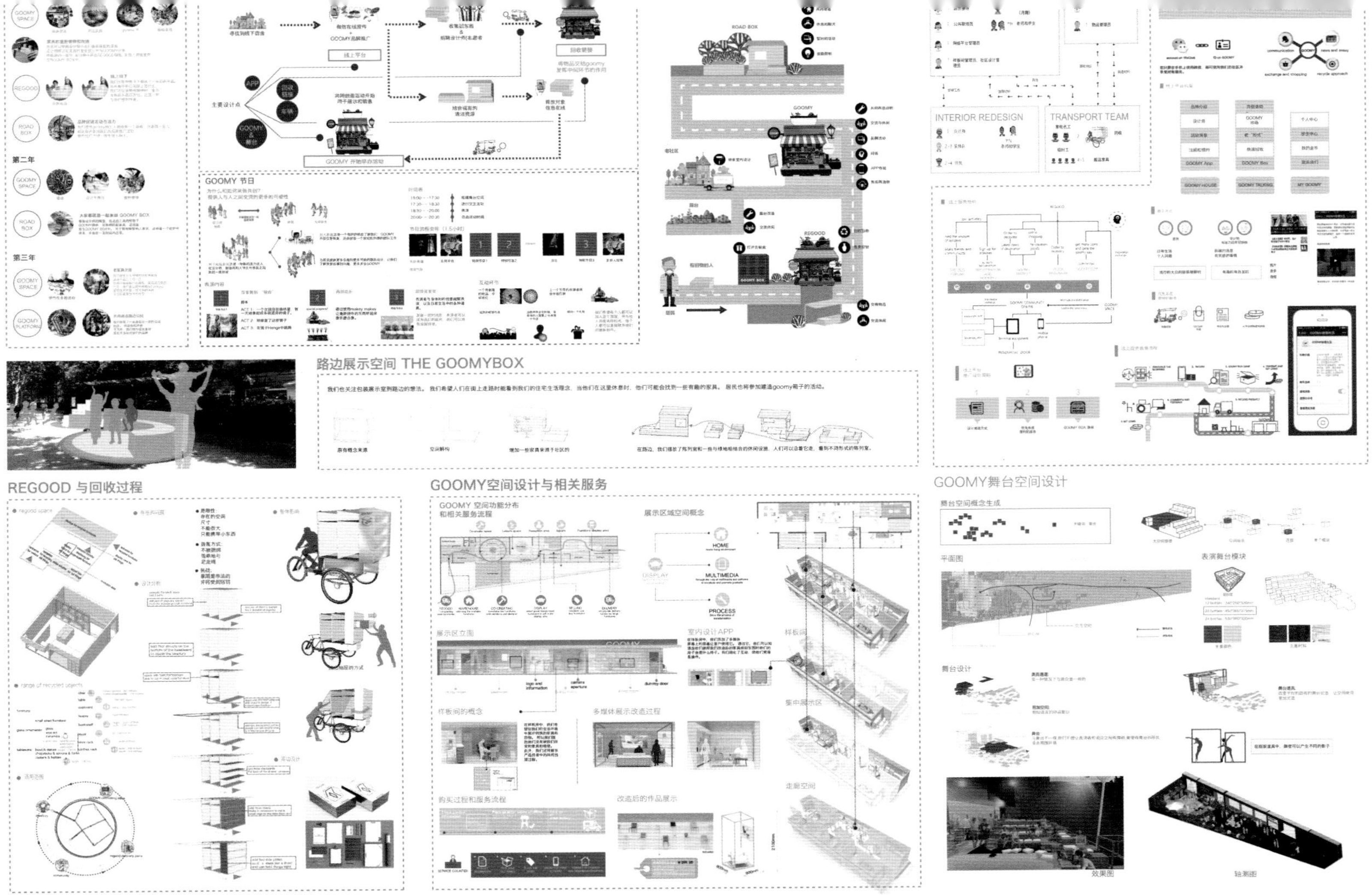

GOOMY舞台空间设计

路边展示空间 THE GOOMYBOX

GOOMY空间设计与相关服务

REGOOD 与回收过程

GOOMY YB日

INTERIOR REDESIGN

TRANSPORT TEAM

图4-27 GOOMY与物再遇见 作者：寻冉、廖依婷、池舒丹

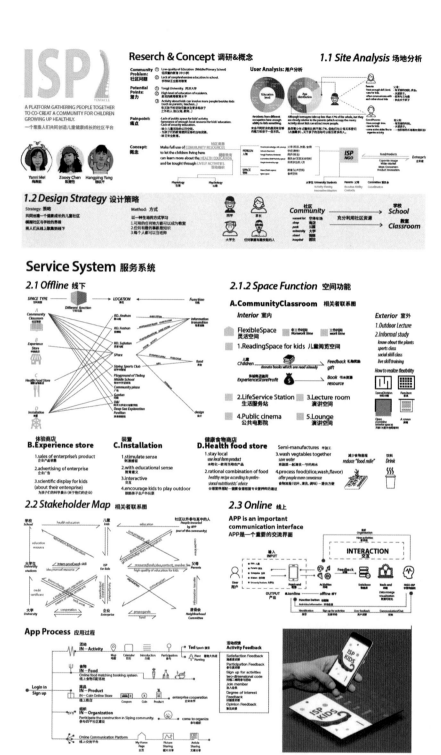

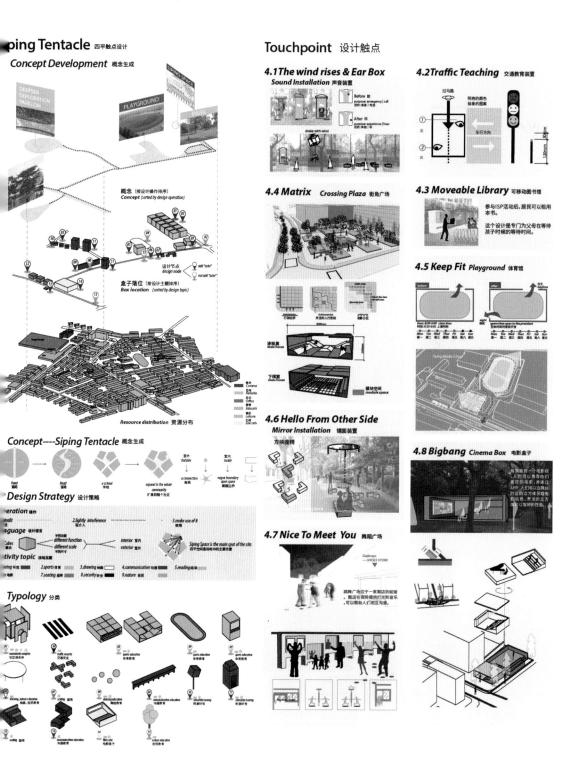

ping Tentacle 四平触点设计

Concept Development 概念生成

概念（按设计操作排序）
Concept (sorted by design operation)

设计节点 add "cute"
Design node add not "cute"

盒子落位（按设计主题排序）
Box location (sorted by design topic)

Resource distribution 资源分布

商业 Comme
住宅 Retaile
办公 Office
教育 Educati
娱乐 Leisure
E路 Executi

Concept----Siping Tentacle 概念生成

Road 道路
Road 道路
a school 学校
expand to the whole community 扩展到整个社区

Outside 室外
Inside 室内
a connection 联系
vague boundary open space 模糊边界

Design Strategy 设计策略

eration 操作

retrofit
1.retrofit
2.lightly interference 轻介入
3.make use of it 使用

guage 设计语言
bes
different function 不同功能
different scale 不同尺度
interior 室内
exterior 室外
Siping Space is the main spot of the site. 四平空间场地的主要位置

tivity topic 活动主题
1.reading 阅读
2.sports 体育
3.drawing 绘画
4.communication 沟通
5.reading 阅读
7.seating 座椅
8.security 安全
9.nature 自然

Typology 分类

Touchpoint 设计触点

4.1 The wind rises & Ear Box
Sound Installation 声音装置

Before 前
purpose emergency | call
音际：紧急 | 电话

After 后
purpose experience | hear
音际：体验 | 听

shake with wind

4.2 Traffic Teaching 交通教育装置

过马路
明亮的颜色
抽象的图案

左
右

车行方向

4.4 Matrix Crossing Plaza 街角广场

module space 模块空间

4.3 Moveable Library 可移动图书馆

参与ISP活动后，居民可以租用本书。

这个设计是专门为父母在等待孩子时候的等待时间。

4.5 Keep Fit Playground 体育馆

before 前
after 后

4.6 Hello From Other Side
Mirror Installation 镜面装置

方块座椅

4.8 Bigbang Cinema Box 电影盒子

人们随时有一个电影院，人们可以推荐他们喜爱的电影，并通过APP，人们可以在到经过的立方体接取电视信息，来满足的立方体随时随地可以使你好奇性。

4.7 Nice To Meet You 跳舞广场

SHOES STORE

跳舞广场位于一家商店的前面，商店在夜晚提供灯光和音乐，可以帮助人们相互交通。

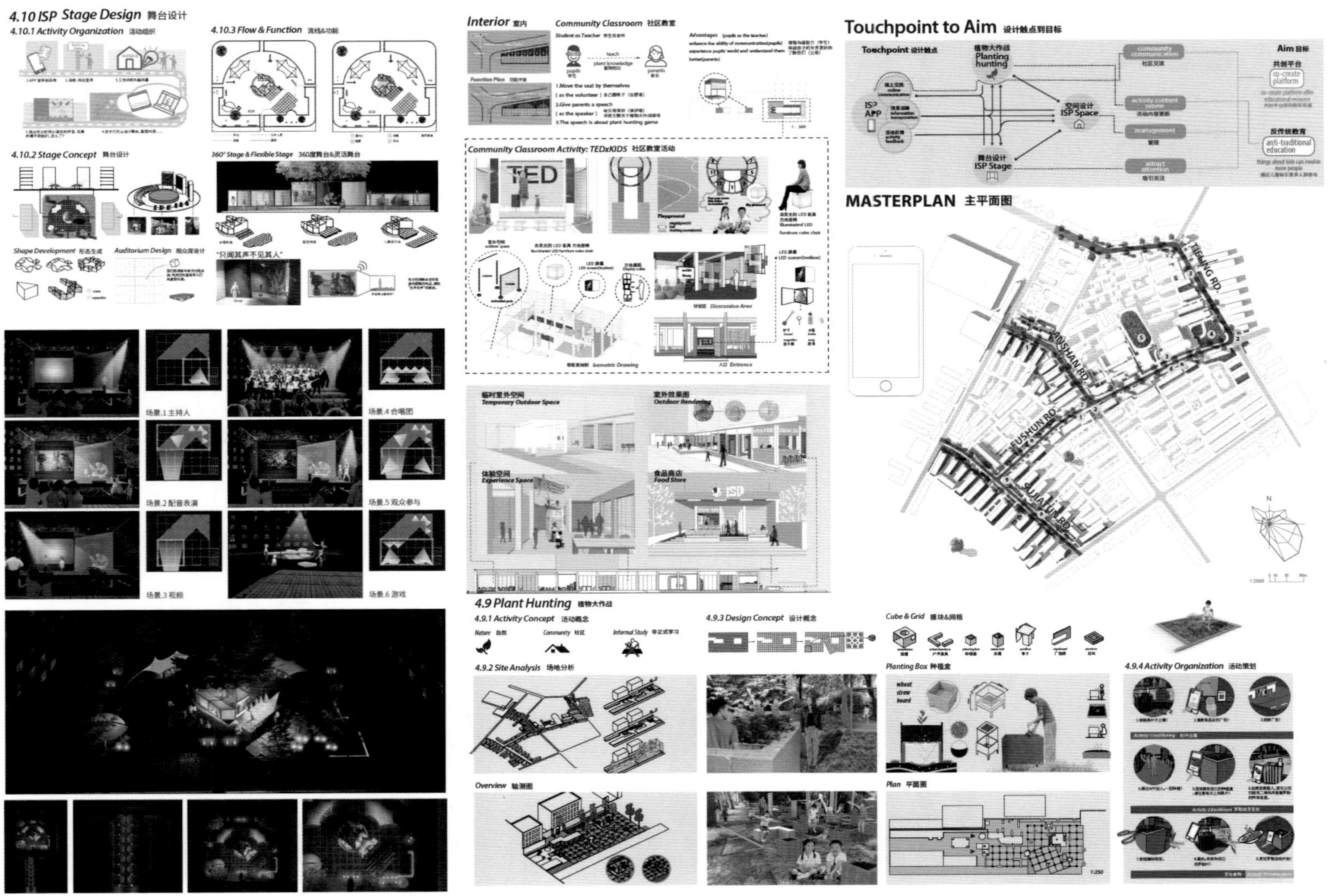

图4-28 ISP x KIDS 作者：陈楚怡、傅燕妮、杨航平

第二，不仅在当下的生活情境中，理解居民和其他可能的参与者，发现他们的需求和潜在的渴望，还要基于对参与者的实际调研，对他们在新的系统情境中的行动进行预测和假设。需要对人本设计方法有扎实的掌握，在用户研究的过程中，发现真正的洞见和定义问题；也需要建立设计原型去不断测试，以发现那些人们实际渴望和需要，但却并不了解或者不知道如何表达的设计需求和品质。

第三，探索新的关系系统如何连接不同利益相关者，在协作中创造价值，使得各方的需求得以实现，是设计创新的关键。需要不断提出假设（what if），去探索一种整合的解决策略，实现价值创造，而不是将各方面单独的解决方案进行拼合。

第四，从创业家思维出发，考虑建立协作式组织和事件体系的可操作路径、阶段计划和分布方案。关系系统的建立是一个生长的过程，课程鼓励学生去发现那些在当下的四平街道区域中最有可能先发生的改变，最先行动的人群，最易于获取的资源，以及最精简、又能引起公众关注和兴趣的方案，并且进行启动。基于这些初步的原型方案，与可能的协作者进行研讨、测试、优化，进行方案迭代；并且通过这种协同的过程，去推动系统的持续成长，形成一种赋能生态。[1]

2. 阶段二：空间叙事与交互场景

（1）辰山植物园展览策划与场景体验设计

展览和传播活动中的交互以内容为核心展开。选取展览策划和体验设计的课题，引导学生基于内容体系来进行场景

[1] 埃佐·曼奇尼：《设计，在人人设计的时代——社会创新设计导论》，钟芳，马谨译，电子工业出版社2016年版。

体验设计：基于信息内容和修辞性视野，构想如何将主题、知识、概念等内容，转译为观众感兴趣并易于理解的形式，并进行相应的空间情节组织，以观众的体验为出发点，建立空间叙事结构和交互场景。

辰山植物园希望建立一个科普类展览馆以辅助园区植物展示。这是一个很好的机会，让学生以植物园园区景观环境为基础，从展览内容的策划开始，去设计一个与观众交互的展示体系。科普类的展览实际上是一种专家与公众对话交流的形式。专家知识和公众认知之间存在着理解上的鸿沟，而展览体验具有连接这一鸿沟的能力。设计的目标在于找到可以连接植物学科普知识和普通观众的兴趣与持续参与之间的"桥梁"，进行创造性的主题演绎，组织展览内容，创作叙事脚本，设计空间场景，促成观众对主题和内容的探究、参与，并留下深刻的记忆。

学生从内容策划入手，进行了大量的资料采集和相关人群访谈，通过与植物园管理部门、合作的设计机构以及可能的目标观众群体的交流，了解话题趋势和与日常生活密切相关的方面，逐步确定各自展览的主题和内容范畴。寻找知识内容与观众日常生活关注的方面、群体兴趣的热点之间的关联，是一种邀请性修辞的策略，即从观众（谈话的对象）的兴趣角度入手，展开话题。

主题演绎的过程，是将具体的内容转译成为一系列可以体验的活动和交互的场景，并通过一个整体的概念线索和相应的空间场景序列进行整合。这个过程中，学生不断进行设计探索，探索哪些初步的想法之间具有整合成为一个完整概念的可能性；探索具体的内容可以有哪些形成激励性体验的演绎和互动方式，同时其形式又能与内容形成修辞或者隐喻性的关系；探索各个场景之间如何形成一个持续引导观众前行的路线，其连接和过渡关联着场景叙事的展开，其整体空间关系和布局又能充分利用场地的条件（图4-29至图4-31）。

这些设计探索，同时也培养学生将观众作为具体的人去思考和理解，他们的目的、态度、行动和认知的能力、偏好对他们参与活动的积极性和持续度的影响；并以这样的思考和认识为基础，去寻找能够激发目标观众群体的兴趣，形成对主题内容具有突出体验的交互场景设计方案。

（2）新天安堂活动策划和场景体验设计

新天安堂位于现代上海发源地，是上海市历史保护建筑。在2015年修复重建后，由上海某创新机构运营，该机构希望通过集聚全球创新领袖及文化科技社群，以智能空间集群网络为载体，为创新品牌最新的产品和服务模式搭建从原型体验、众筹展示、迭代创新到渠道地推的全流程孵化平台，进而推动全球现代城市空间的智能时尚转型。

该课题要求学生充分理解场地的运用模式，定位目标社群，策划大型活动和话题性事件，并进行空间场景设计，为新天安堂的服务模式建立空间体验原型（图4-32、图4-33）。

与植物园项目的不同之处在于，新天安堂自身的内容体系尚未建立，虽然有明确的目标和技术服务配套，但特色突出的主题概念和内容领域并不明确，这正是这个课题的挑战

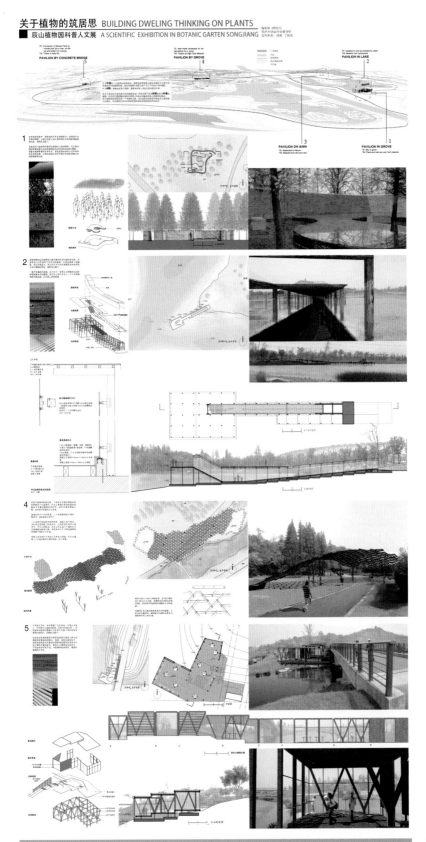

图4-29　关于植物的筑居思

作者：陶泽明

BOTANY SCENTS PAVILIONS

Chen Shan Botany Garden Exbition Design
Designer:蔡放 084152   Turors:杨焰 丁城峰

Concept

Circulation

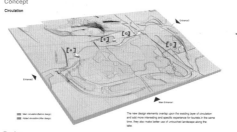

The new design elements overlap upon the existing layer of circulation, and add more interesting and specific experience for tourists.In the same time, they also make better use of untouched landscape along the lake.

Dimension

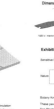

Exhibition Content

Sensitive Feeling Of Nature

Botany Knowledge

These pavilions provide different knowledge of nature botany in 4 types: Grass,Tree, Flower and Sea Plants.Showing the knowledge about how they change in the seasons and how they are used in human being's life.

Design

Tree pavilion

The architectural volum fits into the nature pattern of trees and focus on the different experience including vision and the odor from nature simultaneously. Frames in various dimentions are screens for nature.

Two Elements

Grass pavilion

This grass pavilion is imbedded into natural environment, and the geometry respond to the surrounding terrain. The design is to enhance the sensibility of smell, touch, and vision of grass.

Three Elements

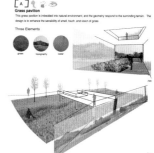

Grass Variety   Pavilion Materia

Flower pavilion

This flower pavilion is designed to be chamber for resting the body and entertaining the smell of flowers. It also provides a specific view of sky, mountain and falling water.

Two Elements

Construction and Materia

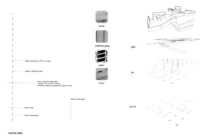

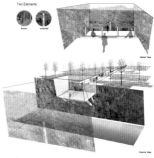

Flower Variety   Pavilion Materia

Water pavilion

This design devides the function into two parts. One is the exhibition corridor of sea flowers and grasses. Another one is the path from earth to water with various sea paints surrouded.

Two Elements

Drawings

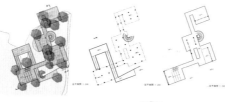

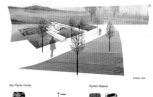

Sea Plants Variety   Pavilion Materia

图4-30 BOTANY SCENTS PAVILIONS
作者：蔡放

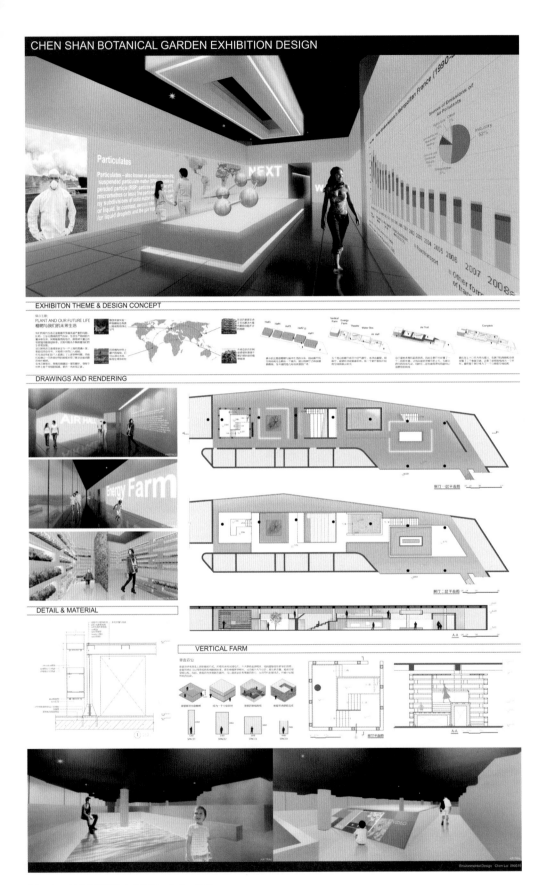

图4-31 植物与我们的未来生活 作者：陈来

第四节

环境中的光影

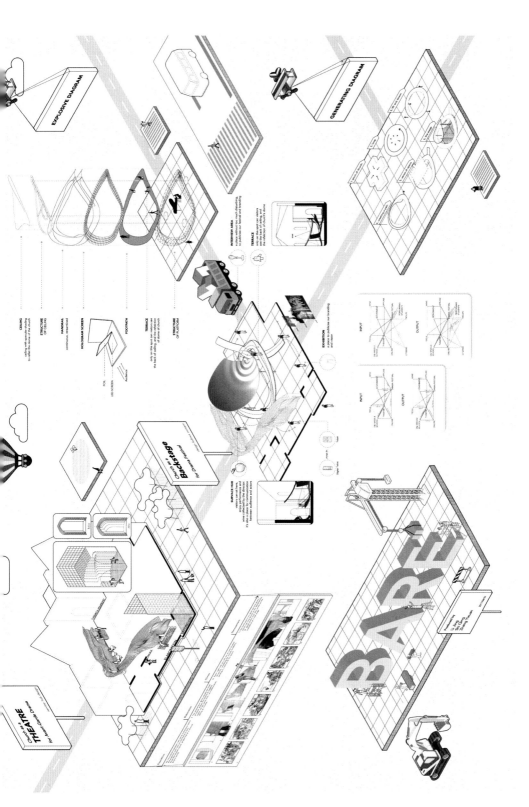

图4-32 实验剧场 作者：张艺林、施晴、李晶

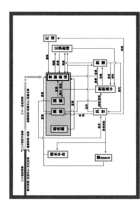

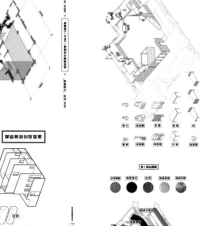

图4-33 看见
作者：江圭、陈岩平、朱梦婷

之处。什么样的创新品牌和文化社群最能利用新天安堂的区位和空间优势，联动周边资源，创造城市品牌事件，在城市范围甚至更大的领域内产生积极影响，这需要学生开展扎实的调研，并培养对创新趋势的敏感和对科技文化的深入了解，在此基础上大胆创意，创作出能够激发目标社群的热情、促成其参与的空间场景体验。

3. 阶段三：身体与空间的探索

演出和舞台设计

演出与舞台设计的课题尝试与舞蹈学院进行跨专业的合作。舞蹈是一种将身体与空间的关系探索到极致的艺术形式。该课题通过与专业舞者们进行一场演出的合作创作，帮助学生拓展对身体感知空间的深度认识，并与舞者们共同探索道具、场景、空间如何激发舞者的创作，如何以身体的动态表达形成一个持续的、引人入胜的体验作品。

课题以一场身体探索体验开启，学生和舞者们在舞蹈学院教授的带领下，通过一系列的肢体互动实验，充分拓展对身体感知的意识。通过实验性的训练，让身体回到本能的自然状态，让学生们突破视觉和符号感知的惯性束缚，发现身体对接触、位置、距离、方位、动态等的敏感和关联，也同时体验身体认知能力的局限和限制。

这个双方共同参与的实验，也在学生和舞者之间建立了一种自然的联系，消除了隔阂，尽管双方仍然缺乏了解，却也快速地发现了合作的可能，他们以此为基础建立了协同创作小组。

创作过程中，舞者选定表演的主题、音乐并进行舞蹈编排；学生依据表演主题和舞蹈编排，进行舞台场景创作，包

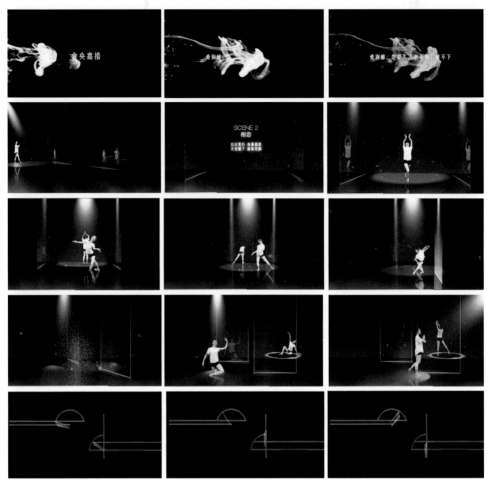

图4-34　仓央嘉措
作者：张昭、胡冬莹、高翔

括通过道具、灯光的操作，形成伴随舞蹈情节展开的、与舞者的肢体表达交互发展的场景叙事（图4-34）。

反思

本课程重视对学生创新思维和系统思维的培养和引导。设计创新的过程中，设计师总是会不断探索什么是可能的（what could be），探索那些可能的存在、可能的问题解决方案，去促成可持续的、优化的生活—空间生态系统。实现这样的愿景，需要基于对可持续的人类—环境生态系统的理性认识，以及拥抱未知和模糊性、挑战复杂难题的创新思维与能力。环境中的交互关系及其系统是一个相对复杂的议题，既要培养和训练学生的系统思维和宽广视野，又要求学生能够发现可以影响人们体验的关键方面，而这些往往由很多细节整合起来，并能够形成一个突出的概念。在课题组织上，希望在社会交互与协作式社区阶段，可以从一个相对大的社区系统和对真实世界的认识出发，帮助学生建立系统思维，培养设计主动介入社会转型的意识；在空间叙事和交互场景阶段，逐步引导学生进入中观层面的设计介入，了解设计在促进交互和增幅体验方面的具体角色和具体方法；在最后一个阶段通过实验性的课题，进行身体和空间的探索，以拓展学生的感知力和想象力，通过与其他艺术领域的协作，提升学生的实际创作能力。在实际课题实践中，我们发现，在短短一个学期的时间里，这些能力的跨度相对较大，很难在单个学生的身上获得同步的增幅。如何更好、更有效地组织教学环节，使得学生既能在环境中的交互议题方面具有从相对系统到细节、策略到创意的个人能力，又能够发现和明确自己的兴趣和发展目标，形成各自能力突出的方面，需要进一步的教学实践探索与反思。

第五节

环境中的系统

一、概述

"环境中的系统"是环境设计专业本科教学中毕业设计之前最后一个学期的课程。所谓系统是指相互联系、相互作用的元素组成的综合体。如第一章所述，当下，自然、人、人造物世界、智能信息网络世界之间的相互作用，是环境设计新的考察背景。

在这个模块，学生考察的对象开始从符号、物体、活动、交互拓展到了各种各样的系统本身，这里既包括什么样的环境可以支撑人和场所空间之间的各种交互和活动组成的系统，也包括环境这个系统本身各个元素之间的关系。这时候，学生需要用一个更为整体的视角，去整合在符号、物体、活动、交互等模块学到的设计意识、知识和方法。

需要指出的是，系统并不是一个客观概念。恰恰相反，它是一个主观的认知框架。我们所说的"系统"，往往只是一个更大系统的一小部分。它是我们理解世界其他部分，并与之相互作用的一个结构性参考。[1]

"生活—空间生态系统"里的"生态系统"，包含了自然生态、技术生态、物质空间系统、商业生态以及文化生态等各个子系统。具体而言，本课程主要解决的问题包括：

[1] 娄永琪：《NHCAS视角下的人机交互、可持续与设计》，《装饰》2017年第1期，第66—70页。

175

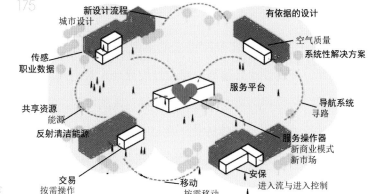

新设计流程
城市设计

有依据的设计

空气质量
系统性解决方案

传感
职业数据

服务平台

导航系统
寻路

共享资源
能源
反射清洁能源

服务操作器
新商业模式
新市场

交易
按需操作

移动
按需移动

安保
进入流与进入控制

图4-35　系统性解决方法

JarmoSuominen. SERVICE LOGIC IN DESIGN. 2016.

（1）基于复杂文脉环境（社会、经济、生态等）的分析，从系统优化角度寻找设计的方向和概念生成；

（2）利用服务设计、体验设计、系统设计、战略设计等方法，对系统与环境的关系，及其相互作用的宏观和微观机制进行设计（图4-35）；

（3）利用数据挖掘与分析、传感器技术等智能信息方法，科学地探索系统间复杂的关系；

（4）利用劝导性设计手段，通过物质空间和信息空间两种途径，并且优化环境和人的行为之间的交互，实现"生活—空间生态系统"的可持续发展。

二、课题设计

1. 陆家嘴步行天桥2.0——通过多系统的适度介入，提升高密度城市空间活力和体验品质

如第一章所述，从可持续设计的角度衡量，对现有环境

进行适度改造往往要比推倒重来的革命性举措更为节约资源。因此，环境设计必须努力回应当代社会人对空间环境的丰富需求，必须将环境中的符号、产品、人的行为，以及人和环境的交互、服务和体验统一到这个新的环境系统中来，只有这样才能创造出符合当代社会需求的那种连续的氛围，日本建筑大师坂本一成称之为"氛围的载体"。

基于上述考量，我们聚焦在中国城市化程度最高的地区之一——上海陆家嘴。经与陆家嘴集团沟通协调，我们选择"步行天桥"作为本次设计对象。

大型CBD地区由于土地高强度开发，并行大型客运枢纽，产生了大量的人流车流。为了创造宜人的步行空间，保障行人安全、实现人车分离，近年来相关部门大规模地建设高架人行步道。小陆家嘴二层步行连廊系统就是其中之一。陆家嘴中心地区已建成的二层步行连廊由明珠环、东方浮庭、世纪天桥、世纪连廊等部分组成，全长约1300米。通过二层步行连廊，行人可以到达正大广场、东方明珠、国金中心、金茂大厦、环球金融中心、陆家嘴中心绿地等重要的建筑和旅游景点。步行连廊第一期"明珠环"于2009年底落成，距今已有八年时间，不仅连廊连接的城市环境发生了巨大的变化，其周边的商业环境、人的工作方式、社交方式、出行方式及其背后系统运作的方式也都发生了巨大的变革，而现存空间环境缺少对这种变革的回应。

我们要设计的"陆家嘴步道系统2.0"不应仅仅满足于完成功能要求，而是要思考步道系统如何通过"适度改造"在快速变化的城市系统中起到提升城市活力和体验品质的作用。包括步道系统在内的既有环境是在特定经济、政治等条件下形成的，大多未对城市空间的积极性进行过周全的考虑，而是具有很多的偶然因素。因而，"陆家嘴步道系统2.0"不应该只是对既存环境推理分析后进行的提升改造，而应该积极地创造具有"场所感"和"上海体验"的城市空间系统（图4-36、图4-37）。

2. 难民生活空间设计

正如第一章所述，环境设计专业从室内设计拓展到外环境设计还是不够的，还需要来自工业设计、建筑学、传媒、管理、人类学、社会学、心理学、行为学等多学科领域的知识，在其中担当协调者，与其他专业共享一个情境，通过设计创意去推进和加强这种多学科的交流，实现共同的价值观。

环境设计专业本科最后一个设计作业，对于这样一个"情境"的设计非常重要，这个"情境"要能体现第一章所说的"各要素之间的关系"：物质要素与人的行为之间的关系，由元素与关系组合而成的系统与整个生态系统和社会文化生活的关系。

基于以上的考量，我们将近年来对整个世界冲击最大的事件之一——"难民危机"作为课题设计的大背景。2015年10月，一张照片触动了所有人的心：一个3岁的叙利亚小男孩在逃离叙利亚乘船前往欧洲的途中遇难，遗体被冲上土耳其海滩（图4-38）。这一新闻重新引起了人们对于席卷欧洲的难民危机的反思。中东乱局滋生蔓延的重重危机，早已冲破地缘的限制，向全球扩散。一国之殇，一地之变，影

现状分析 STATUS ANALYSIS

解决策略 STRATEGY

世纪连廊问题分析

落位与周边

主要人群

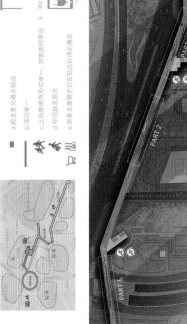

a.距主要交通点较远
b.活动单一
c.上层底使用形式单一，消费使用率低
d.空间缺乏层次
e.游客主要聚于已在状态从得到满足

1. 满足基本的使用需求
2. 丰富空间功能性

3. 满足对客人流量需求

4. 增设户外休闲区，提升在地居民户外活动的积极性

鸟瞰效果图 RENDRING

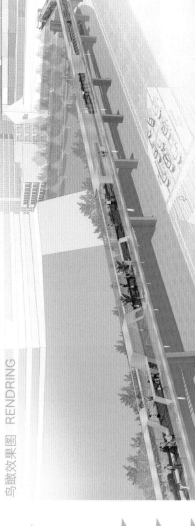

ARYTHME

——陆家嘴人行天桥步行系统改造设计

品牌策划 BRAND STRATEGY

品牌形象

环境服务 打造上海版地标

LANDMARK

枕木产品应用

空间概念生成 CONCEPT GENERATION

行走体验

PART 1.   PART 2.   PART 3.
驻留   块状

PART 1.   PART 2.   PART 3.
绿   块状

PART 1.   PART 2.

空间生成

翻折与生成

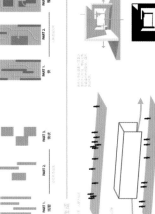
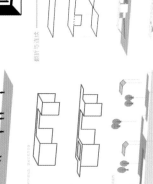
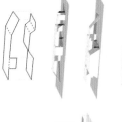

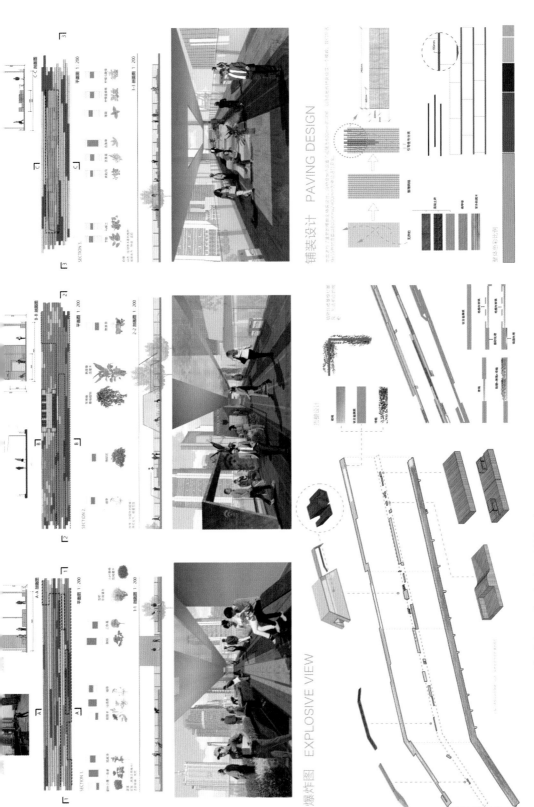

图4-36 AIRYTHM "空中的节奏" 作者：王丹、朱一帆、陈进胜、肖晨昊

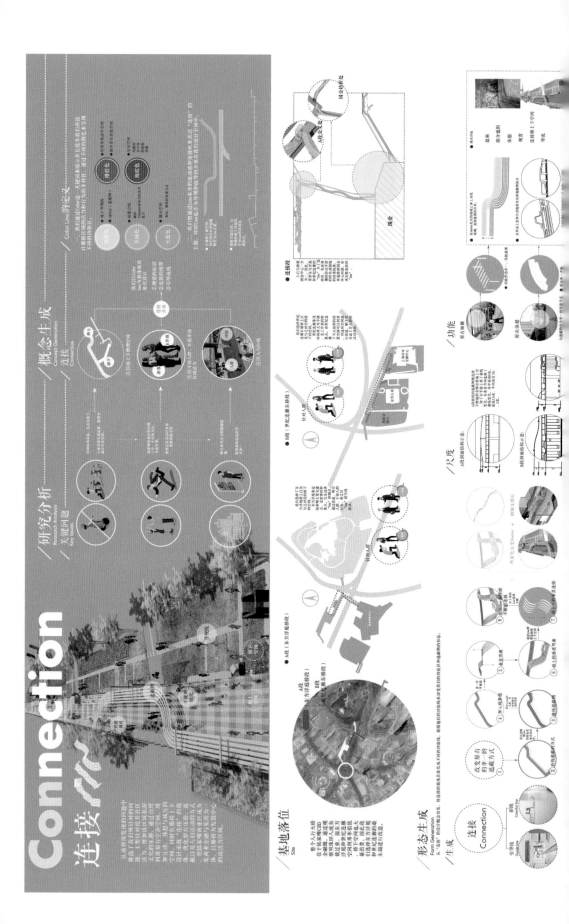

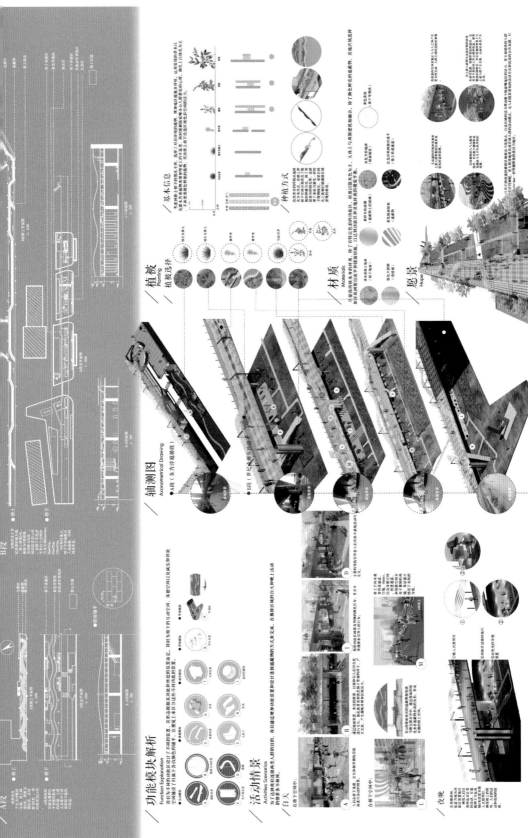

图4-37 COLOR LINE Connection 作者：杨金泽、杨挺、贺晓婷、周一凡

图4-38 土耳其海滩遇难
的叙利亚男孩

响的是整个世界的局势。数百万难民涌入欧洲城市，他们背井离乡，缺乏固定的水源、食物和药品，更没有稳定的居所。面对这样的危机，人道主义救援是不够的，让难民能够有尊严地活着才是关键。

围绕为难民营造"有尊严的生活环境生态系统"这个目标，我们选择了位于伊拉克北部的多米兹难民营（Camp Domiz）作为设计基地，规划设计一处能容纳300个左右居住单元（HOME）的新型临时避难生活空间（图4-39）。

课题目标是让学生通过五周的设计训练，初步了解和综合运用工业设计、建筑学、传媒、管理、人类学、社会学、心理学、行为学等多学科领域的知识，建立自然、人、人造世界和智能信息网络世界之间的相互关系的结构框架1.0版本。例如，在本次设计中我们探讨的是中东地区独特的气候条件对于规划与居住单元设计的影响（自然—人、自然—人造物），有宗教信仰的战争难民独特的社会文化背景与城市公共空间、居住模式、居住形态的关系（人—人造物），难民营内可持续的水系统、卫生系统、教育系统等规划设计与

图4-39　难民生活空间设
计课题海报

全球资源网络平台搭建设计（人—人造物—智能信息网络世界）等（图4-40、图4-41）。

经验教训

作为新环境设计教学改革中的一个部分，"环境中的系统"课程设计是一次新的尝试，无论是经验还是教训，都对设计学科的发展提供了第一手的参考资料。如前所述，对于系统中资源组织和社会组织方面的理解、设计和实施需要更多的技术手段，因此其中基于设计实验、数据分析、传感器技术等对空间科学的理解必不可少，基于大数据挖掘、可视化、增强设计等的量化工具和算法的使用变得越来越重要。随着同济大学设计创意学院整体教学改革的推进，学生在一年级就接触"开源软硬件"设计，他们对新方法、新工具的掌握和运用会越来越好。我们期待"环境中的系统2.0"。

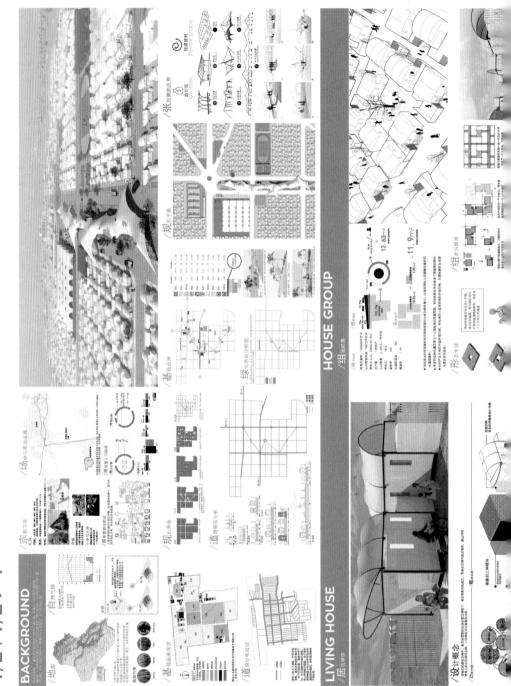

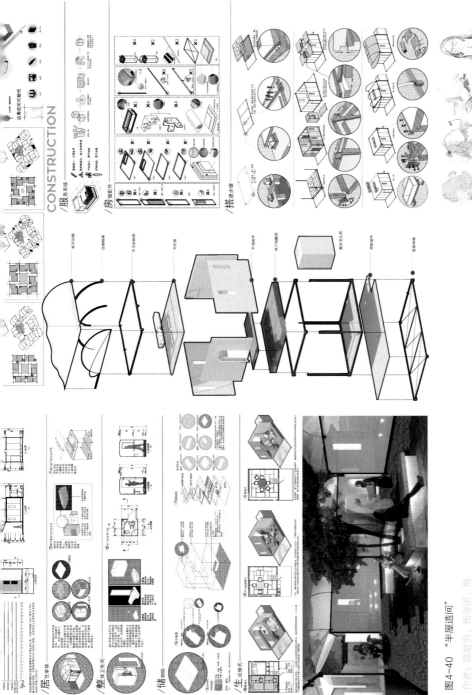

图4-40 "半屋造间"

作者：陈健伶、杨金游、释
廉妮、朱盛秀

RE-HOME

Background Information

Idea Catalogue

Domiz Camp
50000 people or so

Block
9Blocks between main road

Cluster
Contain with 3 types of courtyards

House
Fit with 4 types of family

Block Planning

Courtyard Design

Whole Site Plan

从基础设施角度对小镇进行选址和道路规划
from the main road and secondary road
according to the surrounding environment
and traffic condition.

在场地协议级别由水塔进行（基于场地规划设计）
places the water tower according to the typology.
the main two first stations set close to the water tower

场地中心区一个大的公共活动空间
backyard and community square
disperse at the two sides of the road

在基础设施中心处设置一个垃圾处理站
and registration center
combining with the grey water disposal
form a auxiliary system

建筑群个主为公共活动的公共空间为大型宗教活动所用
pilgrimage and public activity
they are set in several blocks
service for separate blocks people

Population Analysis

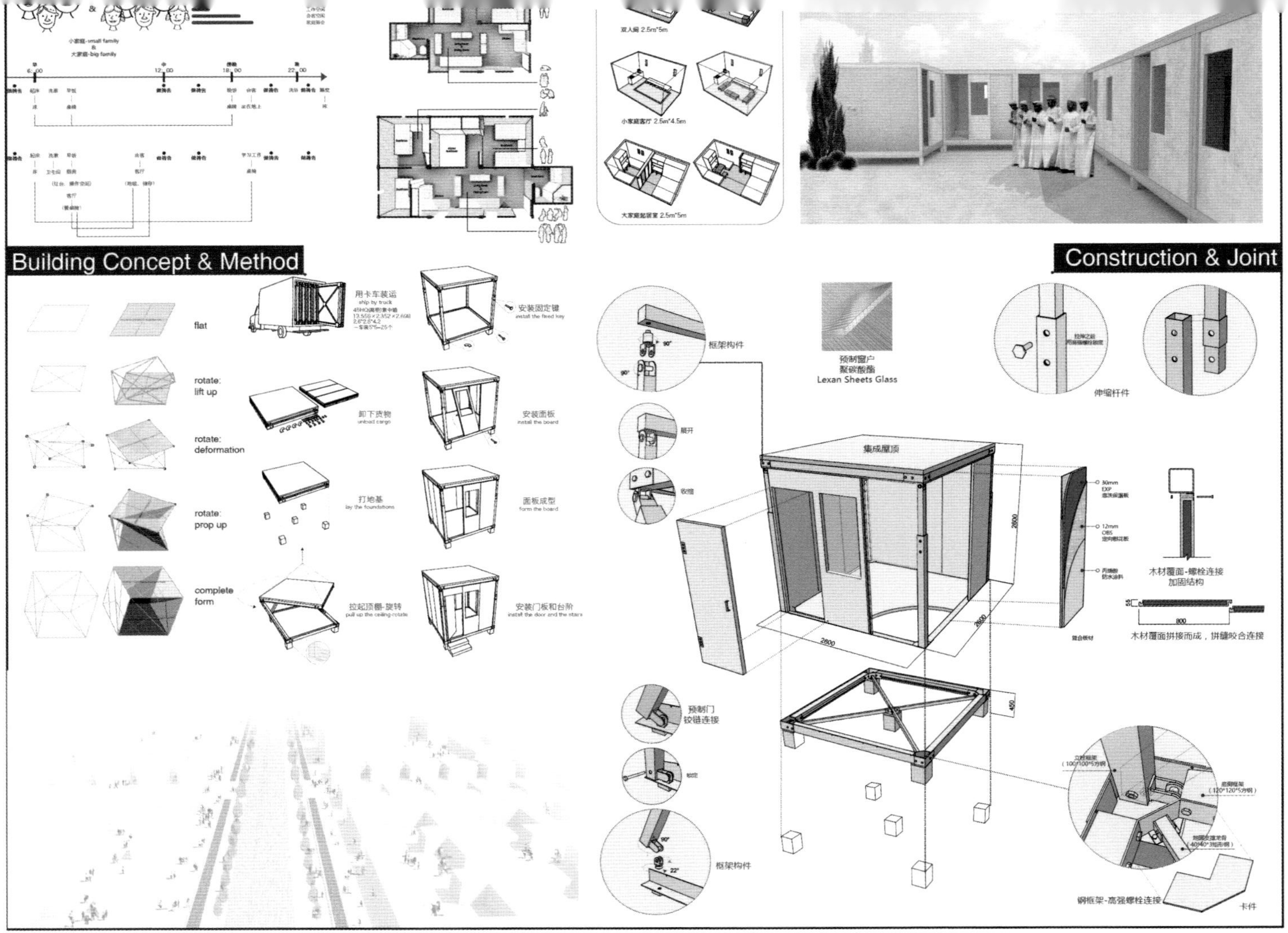

Construction & Joint

Lexan Sheets Glass

Building Concept & Method

flat
rotate: lift up
rotate: deformation
rotate: prop up
complete form

图4-41 RE-HOME 作者：陈剑雄、代誉鲁、沈春蕾、吴倩倩

第五章

毕业设计

第一节

毕业设计概述

毕业设计既是总体检验学生四年所学，考察其在本科阶段培养目标的各个方面的完成情况——对知识和工具的掌握、能力的养成以及相应的工作方法与手段的习得的关键环节，也是学生总结所学所得，展示自身能力，准备开启职业生涯，开展设计事业的起飞时刻。环境设计专业的毕业设计希望通过面向真实世界的课题，为学生，尤其是创新人才开启一个导向性的事业起点，为其今后将在大学获得的创新精神、系统思维、动手能力更好地应用在各个领域建立良好的开端。

近年来，我们通过不断总结毕业设计教学实践的经验，逐步形成了毕业设计环节的三方面基本特点和重要导向。

1. 跨学科课题与合作

为了应对今天真实世界的挑战，设计学科需要打破边界，进行协同合作以寻求整合的解决策略和实施方案。跨学科的方法：将创新可持续技术和经济的、社会文化的方法与相关知识集合，运用于可持续领域，尤其是城市更新、城乡互动和产业转型等，在建成环境中探索可持续的、协作式的解决方案。通过课题实践，帮助学生掌握跨学科团队合作技能，并在多元化的企业、城市及商业环境中进行沟通。学生也能通过大学阶段最后的实践环节，了解不同学科在跨学科团队中起到的作用。跨专业毕业设计课题的真实性、协作性既能最大程度检验学生对本专业知识和能力的掌握，又能为学生进入职业领域后面对复杂问题的挑战打下实践基础。

2. 可持续导向的课题和方法

可持续导向的课题，引导学生探索如何通过设计的介入，去引导和促成生活空间品质的提升，培育可持续的生活方式，促成产业升级和向协同分享的可持续经济转型。随着对可持续议题以及实践中面临的复杂情境的深入认识，面向未来的设计创新人才需具有可持续的思维模式、理念和创新能力。通过以可持续创新为导向而整合的课程体系，我们需在设计能力培养的各个环节有针对性地对学生进行引导和训练，才能培养出特色鲜明的可持续创新人才，使他们不仅仅具有可持续的意识，也具有突破可持续创新过程中诸多障碍的视野和能力。

3. 介入真实世界的问题

设计是实践性、操作性的学科，必须与实际的生活、生产情境关联，才能得以实施并发挥作用。设计学科历来注重在做中学。我们通过设计课题的实践帮助学生建立自己的设计观、设计视野并磨练学生的设计技能。通常这种训练是通过精心设计的假题，由教师设定明确的条件，并假设在不必考虑诸多复杂问题的情况下，有针对性地培养某一方面的设计能力。尤其是传统的从功能、形式审美出发进行的设计训练，以大数量人群的共同特征为服务目标的情境，可以将已有的大量设计成果和研究成果作为指引，在教师的已有知识结构和经验下辅导展开。

然而，这种训练产出的设计方案和成果却很少能够得到真正的实施。以真实世界的问题为挑战，探索设计介入真实世界的角色、方法和途径，培养学生应对复杂设计情境的综合能力，有助于学生开启主动创新的职业生涯；同时，也促使环境设计学科主动应对社会技术转型的挑战，找准学科发展和转型的方向。

（一）毕业设计选题

毕业设计选题是每年秋季学期学科团队的工作重点。选题工作组结合导师们的设计实践研究兴趣和专长领域，以及社会技术转型所面临的挑战和机遇，思考和讨论可能的课题、关注的领域和学科发展前沿，通过广泛交流、相互启发、集思广益，探索共享资源和协作的机会和途径，逐步形成成熟的课题组方案。

毕业设计课题设计的主要思路有：

1. 聚焦重点领域

近年来，毕业设计的课题设计逐渐向学院学科发展的重点领域聚焦。这些领域包括：城乡互动、智能可持续生活、媒体公共空间、移动与交通、医疗健康等。我们将课题聚焦在某个领域进行持续性的探索，通过毕业设计这个环节，在一个领域进行较为深入的设计创新实践，并对这些设计行动、教学活动进行研究性的观察、记录、整理和分析。在持续两至三个周期之后，我们能够在该领域积累相当数量的设计研究数据和教学经验，能够逐步建立起与该领域相关的设计实践教学成果、教学研究产出，也可能有可预期的设计研究产出。

这些重点领域，或是当下我们身处的城市在社会技术转型中所要重点发展的领域，或是技术发展下设计专业的新兴领域。近年来，这些领域产出了数个持续发展的创新课题，例如聚焦城乡互动领域的乡村剩余空间再利用的"设计丰收"，以崇明的乡村环境为基地，探索设计如何介入到乡村社区，通过对接优势资源、创造新的需求和服务体系，给乡村带去可持续的经济；还有以空间叙事和场所营造为核心的"四平社区更新"，探索设计如何介入建成社区，通过社区营造和参与式的方式，去促成可持续的生活方式并提升环境品质。

2. 注重差异化和多样性

毕业设计课题最终的具体设计类型包括空间传达设计，叙事场景设计，品牌、服务与体验设计，未来生活方式设计，交互环境装置等，学生运用参数化、开源软硬件、大数据分析、UX方法、HCD方法等不同的设计工具和设计技术，产出多样化和差异化的设计成果。这也是毕业设计实践环节组织的一个非常重要的导则。

设计学科的转型处在岔路口上，一方面是必然的、无可避免的来自技术发展的驱动；另一方面则源于对社会复杂系统的深刻认识和理解，以及对差异化的个体需求的关注。设计学科在与这两方面各自的结合中，朝向了不同的方向发展。但这两个方向并不是南辕北辙，而是齐头并进，并且在相互影响、相互作用中发展。我们希望通过差异化和多样化的课题，在环境设计跨学科整合设计的框架下，以人与人、人与环境之间的"关联性"为核心，展开对多种设计实现的路径和方法的探索。

3. 尝试跨学科和跨专业课题

设计是制定行动的过程，其目的是将现有状况变成更合意的状况。但设计过程并不仅仅是抽象的思维工作。今天，设计已经发展出了各种具体的形式，并关注不同的主题和对象，这包括但不限于：工业设计、平面设计、家具设计、城市设计、建筑设计、产品设计、交互设计、系统设计，等等。

然而，在今天的专业设计实践中，我们经常发现，要解决设计问题需要具备跨学科思维的交叉学科团队。肯·弗里德曼描述了大规模客观变化带来的四个实质挑战，这些挑战驱使不同门类的设计实践与研究相互融合：（1）人造物、结构和过程之间不断模糊的边界；（2）规模不断扩大的社会、经济及产业框架；（3）日益复杂的由需求、要求及限制构成的环境；（4）往往超越了物质实体价值的信息内容。这些挑战需要新的理论及研究框架去处理当代的问题领域，同时解决特定的案例和问题。他提出，50年前，一个单枪匹马的设计师加一两个助手就可以解决多数设计问题；而今天，我们需要具备多种专业技能的团队，此外，还需要专业人士具备在解决问题过程中与他人共事、倾听，并彼此学习的额外能力。[1]

我们提出，将环境设计作为一种整合的方法论，去解决社会技术转型所面临的挑战，促成可持续的生活—空间生态系统。这一假设的前提是环境设计应该具有足够的能力，去与产品设计、平面设计、信息设计、交互设计等专业进行跨

---

[1] 埃佐·曼奇尼：《设计，在人人设计的时代——社会创新设计导论》，钟芳，马谨译，电子工业出版社2016年版，第iii页。

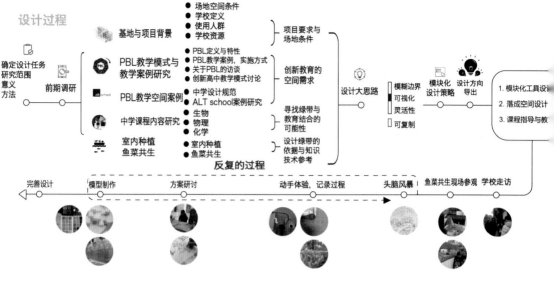

图 5-1 毕业设计"同济—黄浦设计创意高中绿带空间设计"的设计过程

作者：寻冉

专业合作，以处理生活—空间生态系统中与符号、图形、物体、服务、体验等相关的问题；同时，环境设计也必须与技术和商业领域的学科一起，去面对和理解关于人类及社会行为犬牙交错的复杂性，处理关于行为科学、技术和商业的复杂议题。

（二）设计进程

各课题组的设计进程，因其解决问题的层面不同、具体偏重的设计类型差异而有所差别，但总体上都以下四个阶段展开工作：（1）确定大任务书和总体工作计划，（2）文献研究、案例研究和项目研究，（3）设计策略和明确个人具体设计任务，（4）设计、迭代和原型制作（图5-1）。

1. 确定大任务书和总体工作计划

在学生选题结束，确定各个课题组的人员组成后，导师和学生交流沟通，确定课题的大任务书，包括所要挑战问题的情境、范围、目标，理解其意义，选择主要研究方法。在明确任务的基础上，计划主要的设计研究阶段，明确各个阶段的产出、要达到的目标和评价标准。如果是一个由多名同学共同完成的大课题，那么这一阶段的任务书很可能主要细化的是由课题组成员共同完成的前期调研和总体规划、策略部分。而对于各个成员在具体设计阶段各自的设计任务，则主要制定指导性的计划，具体的个人设计任务将在设计进程中期细化。

2. 文献研究、案例研究、项目研究

无论是以个人还是以小组合作的方式进行，文献阅读、案例研究、项目调研阶段都是学生真正着手毕业设计的开端。在这个阶段教师带领学生进入实际的场地，学生在其中生活、观察、参访，并同步进行文献阅读和案例研究，将在现实世界所观察到的现象和获得的信息，与相关领域的理论和实践研究成果进行对照、比较和分析，有助于使他们快速进入所要研究和设计的问题领域。项目研究包括对场地、用户及利益相关者、情境等方面的深入调研，以发现设计问题、建立设计的立足点；而文献阅读和案例研究则帮助学生建立基于现实问题、但更加整体系统地看待现象和问题的视野。虽然，在设计推进的过程中，学生仍需依据需要进行相应的文献研究、案例研究，以促进不同层面的创意、设想，梳理好设计思路，但通过系统性的调研，建立对项目的充分认识和对用户的同理心，仍是毕业设计起始阶段的必要环节。

这个阶段要求有方法、有效率地进行信息采集，对大量复杂的、不同类型的资料进行处理，梳理线索、发现问题，找到设计的立足点。在这一时期，学生就像面对一堆缠绕在一起的线团，他们可能不断有新的发现，但又容易迷失在混杂无序的现象碎片中。教师需引导学生对现象深入挖掘，发现浅层认识之下、刻板印象之外的洞见；也要避免因为项目的复杂性，陷入不断重复的信息呈现和分析中，从而不能有效进入设计构思阶段。在这个阶段，有效的小组合作与分享交流是有力的手段，很多UX调研工具、HCD方法也适于协作开展，学生能够在相互学习过程中更快速、更聚焦地推进工作。

如果能够在一个较短的时间段内，在课题针对的地域或者最终解决方案落地的地区，有一个密集性的、沉浸性的调研工作坊，并且充分与当地的居民及可能的利益相关者进行互动，这对学生理解课题、快速学习与课题相关的知识、进入设计和研究状态，将具有极强的推动作用。

3. 总体策略和确定个人具体设计任务

在对项目、场地、用户以及相关设计情境建立了认识之后，非常重要的任务是进行问题定义，确定小组总体的设计策略（如果需要）和个人的设计思路、框架，明确要做什么，解决什么具体问题，基于怎样的设计理念和价值观，可能采取的方法和手段，以及最终成果要达到的目标。

这一阶段在挑战日益复杂问题情境的毕业设计课题进程中尤为关键。培养定义问题的能力是环境设计专业近年来在课程体系中重点优化的方面。今天面对社会技术转型，环境设计能否以及如何介入建成环境中，去促成可持续的生活—空间生态系统，以发现问题、定义问题、解决问题为导向的设计思维是决定性的能力。因此，在不断地对课程体系进行优化的过程中，我们也不断设计完善教学环节，以培养学生问题导向的设计思维能力。

从一年级的设计基础课程开始，我们就引入专门的设计思维引导模块；在之后各学期的专业设计课中，我们又不断通过问题导向的设计课题，将设计思维方法逐步置入学生的思维方式中；课题从学生宿舍这样面向相对单一用户群体的内容，逐步深入品牌空间、城市节点、社区等相对面向更多不同利益相关者、有更多不同层面社会交互的内容，训练学生处理和挑战复杂问题的思维和能力。

4. 设计、迭代和原型制作

在这一阶段，学生个人进行深入、持续的具体设计，通过处理从系统到细部、从概念到原型的各个层面的设计和构造问题，产出可沟通、可体验、可测试的设计成果。将设计构想成型出来，是设计整合不可或缺的过程，并且只有经过原型—测试—学习—更新的不断迭代，工作才能逐步推进，最终获得整合的、高品质的、可实施的设计成果。

（三）毕业设计展览

如何将毕业设计课题的成果产出展示出来，也是每个环境设计毕业生要思考和解决的问题。这不仅需要思考使用何种表达方式去讲述设计思路和设计概念，如是否制作视频来演示设计场景和使用情景，使用什么样的模型来表达具体设计对空间关系的思考、对具体细部的推敲，也需

图5-2 毕业设计"基于植
物向性运动的适应性原型设
计及可持续应用"

作者：谭佳芮

图5-3 2015年毕业展览
环境设计展区现场

要思考如何将所有的表达材料布置在一个选定的空间区域
内，形成个人（或小组）课题的展区，吸引观众的兴趣，
引导观众沉浸在设计课题的情境中，充实与设计成果的所
有内容的对话和互动。

因此，环境设计的毕业设计展览不会给出一个统一的规
格和形式，让学生按照规格，将各自的图纸或者模型填充其
中，而是在进入设计展策展阶段时，组织参展的学生进行研
讨，共同设计展览方案。学生根据各自、各组的设计产出和
表达方式，选择和协调各自的展览场地，并在一周后提交各
自的展览设计草图。总体负责毕业设计展的老师会参与指导
和协调，以保证展览的总体效果和各个课题组展区的个性
（图5-2、图5-3）。

（四）评审

对毕业设计成果的评价组成包括三个部分：中期汇报、
展览和最终答辩，分别占10%、20%和70%。

1. 中期汇报——进程与方法

学生对中期成果进行集中汇报，听取各组导师的评价和反馈，是整个毕业设计进程中的关键环节。中期汇报的成果中，有一些具有较大挑战、面向复杂问题的课题，这些课题在很大程度上是学生基于前期研究，提出其个人设计策略和具体工作任务；另一些设计任务是较具体的课题，此时应该已经有了初步的概念方案，可以有多个概念方案，正适宜进行比较、听取用户和专家反馈、准备展开测试。

中期汇报考查学生工作进度、方法，也需要学生相互交流课题设置和学习实践，评委需对设计进度严重滞后，或设计工作方法、阶段成果有重大争议的情形提出警告并督促改进。因此，中期汇报的评委由团队教师和毕业设计课题导师组成，同时也欢迎相关专家、其他年级学生等参与互动和交流。

2. 展览评分——用作品讲故事的能力

因为毕业设计展览由学生自己设计布置，我们也增加了对展览进行评分的环节。学生如何通过展览呈现他们的设计成果，从价值观、意图、方法到设计概念、具体解决方案，通过图、文字、模型、视频等组成的整体化装置，与参观者交流。讲好一个设计故事的能力，是这一部分考核的重点，这是与答辩环节不一样的设计表达能力考核。我们会邀请与课题领域相关的专家、设计师和教授，对展览进行评分；并且尽量避免与答辩评委重叠，这样可以更体现出展览设计与制作对整个设计的呈现效果。

3. 答辩环节——公开交流的研讨会

答辩环节的评分在总评中占比70%，是对学生毕业设计成果最重要的评审环节，这也是一个很好的机会，各个课题组与导师、设计实践家、外部专家进行交流。因此，我们将答辩会组织为一种研讨会的形式，旨在鼓励学生更自信地、主动地去分享长达20周左右努力设计的成果，与评委、专家和同学充分地交流和讨论。

环境设计的毕业设计课题可能涉及不同的领域，如城乡交互、产业转型以及交通、医疗卫生、文化创意等，而设计产出的成果可能涵盖空间中体验的设计、服务的设计、交互的设计，也涉及传统按照职业划分的景观设计、室内设计、展览设计、建筑设计的相关方面。因此，在筹建答辩评委组时，我们会根据每年涉及的课题领域和学生的实际成果，邀请相关领域专家、设计实践者加入答辩评委组中，争取在每一个涉及的设计专业领域、设计对象领域或者产业领域，都有专家参与。在这一方面，我们发现，历年所请的评委往往在一个传统设计领域有长期的实践经验或者教学经验，同时又是某一个新兴领域，如服务体系、创新创业、设计交互方面的前沿实践者或研究者；他们通常具有宽广的视野和丰富的实践经验，能够在其相关的前沿领域方面给出睿智的评价和指导，也能对成果的其他方面提出有价值的反馈和建议。

一个耗时长达20周左右完成的设计项目，须在8~10分钟对其进行完整陈述，这对学生的口头表达能力是一个挑战。口头陈述能力对设计师和未来的创新人才非常重要，这关系到他们能否面向不同的人群，清晰地阐述自己的设计思路，呈现设计解决方案。这一过程不仅帮助设计师与项目相关人群进行沟通交流，以使设计想法和目标得以实现，也是帮助设计师整理设计思路的工具，使他们可以在项目进程的各阶段对已进行的工作进行反思。一个优秀的设计师，应对自己的设计目标、方法、进程、思路、概念，以及具体的问题解决方案等始终保持清晰的认识，能够在极短的时间里提炼出关键的方面进行陈述，也能结合设计产出的模型、图纸和其他材料进行有深度的阐述。

近年来，越来越多的课题组在答辩前组织答辩试演，这不仅帮助学生更有效地组织陈述材料，掌握陈述重点和节奏，也让学生更熟练地掌握材料、了解情境，在实际答辩时自信表现、从容应对。还有一些小组在试演中发现问题，于是设计特别的表达方式来呈现概念，帮助听众理解，并给人留下深刻印象。这些尝试使得毕业设计答辩会的质量不断提高，并增进了学生与评委的交流互动。

4. 评价标准

对毕业设计成果如何评价，正回应了学院的环境设计要培养怎样的设计创新人才这一关键问题。学生通过毕业设计，体现出了其通过四年学习所获得的关键能力达到了什么程度。这些关键能力包括：设计思维能力，创造与整合的能力，对基本设计技术和工具的掌握及应用。

（1）设计思维能力

设计思维能力考查学生能否通过建立同理心，去理解用户的行为、发现用户的真实想法、体验用户的体验；进行问题定义，以精简的方式阐明设计的立足点、意图和方法路径；展开设计构想，通过扩展思路去获得尽可能多的想法和草案，并不断评估、推敲，形成一个整合的、具体的解决方案；通过原型设计和制作，发现方案存在的问题，对之做出改进，在此基础上进行展示、测试，并反思和完善方案。

新环境设计的思维方法已经从传统做"容器"的一套方法体系，即是以"物"为核心的思维，拓展到以"非物质"为核心的体验、服务、交互的思维。在面对社会技术转型情境下的环境设计挑战，尤其是城市尺度下的问题，环境设计思维不再仅仅是以一大群人的共同特征为出发点，而是更要面向更小的群体做深度的学习，寻求为差异化人群服务的整体解决方案（图5-4）。

（2）创造与整合的能力

设计是创造新事物的过程，无论是提升现有处境和条件以达到一个更优化的状态，还是突破现有框架以替代性的系统去应对社会技术转型的挑战，设计师都必须面对未知的境况，以设计手段的介入去形成新体验、促成新关系、形成新的生活空间生态系统。

这种创造能力，或基于现实情境、解决现实问题；或建构意义，让更多的人对问题感兴趣并参与到问题解决的过程中来；或对前述两方面的目标都有所贡献。这种能力需要从整体到细节的建构事物的能力，其中既包括物质的对象也包括非物质的对象。同时，创造的产出是整合的，而不是针对各种问题碎片化思路的简单粘合。这种能力要求不断探索以获得一个设计概念、一个整体方案，能够在不同的问题层面发挥作用，解决问题。

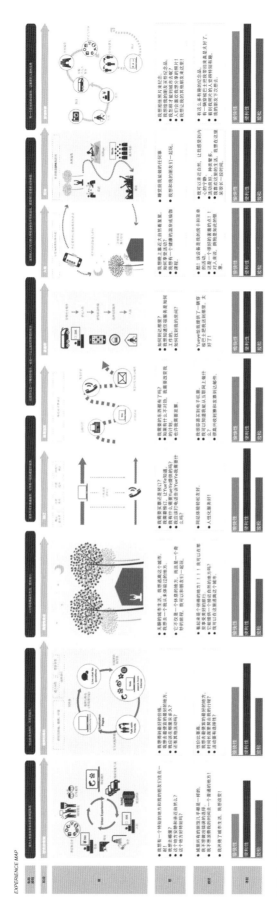

图5-4 毕业设计 "悦业庄
创意住宿服务体验设计及环
境设计"：用户体验地图
作者：川程

（3）对基本技术和工具的掌握及应用

设计技术和工具能够帮助达成设计思维训练、获得更优化的解决方案，是提升设计品质、促成设计方案实现的重要方面。既然如此，也可以说，前面两个方面的能力考查也包含了学生对技术和工具的掌握程度，否则他们难以在这两个方面获得较好的结果。

之所以单独将这一项提出来进行考查，一是我们希望学生能够投入设计工作，将其做到极致，将对工具的使用在各个方面都做到最优，以此促进设计成果的品质；二是学生学习成长的过程并不总是均衡发展的，学生很可能在工具和技术的具体使用和操作方面达到较好的程度，但却在应用这些工具，获得有深度的洞见、整合的解决方案方面还没有达到理想的效果，因为这也受到视野、经验、创造力和其他工具及技术的共同影响，但对某一个技术或者工具的极致掌握，使得学生仍有潜力在继续提升其他方面能力的情况下，达到一个更具有整合创新能力的状态。

我们鼓励学生运用新环境设计的新方法、新工具和新技术，去训练思维能力、探索创新路径并解决问题。这些工具和技术包括但不限于：HCD工具、参数化设计方法、开源软硬件技术、UX方法、大数据分析方法与技术等（图5-5）。

（五）问题与展望

环境设计专业在不断变革，我们也在毕业设计环节上不断突破，并进行相应的创新探索。新课题、新重点、新组织方式也都不断遇到各种问题和挑战。尤其是当我们将毕业设计面向真实世界的复杂问题时，其产出能否真正回应社会技

第一节
毕业设计概述

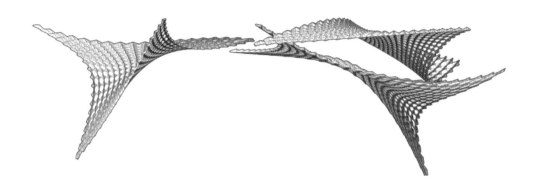

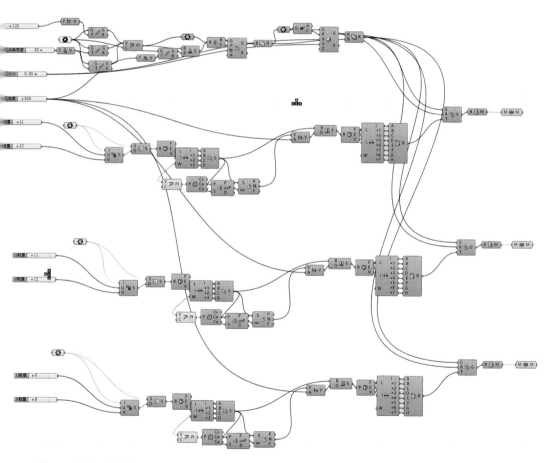

图5-5 毕业设计"基于
声效分析及数字化系统的
吸音吊顶及墙体一体化交
互设计"

作者：肖晨昊

术转型的挑战？能否给以学生扎实、有效地应对挑战的前瞻思维、方法和工具，切实地引导学生探索创新的路径？这些问题涉及课题的设计、环节和进程的组织，以及评价和反馈等多个方面。其中突出的问题包括以下几点：

（1）如何使学生在整个毕业设计阶段对设计工作持续投入，并提升最终成果质量？

近年来，各高校毕业设计展的时间逐渐提前，大量院校的毕业设计都提前至四年级第一学期开始。同济大学设计创意学院毕业设计的启动也在不断前移。在毕业设计整体时间跨度拉长的情况下，如何保证学生在整个阶段都有充足的设计工作投入，以达到提高毕业设计质量的目的？我们为此适当增加过程中考核或集中互动和交流的次数。正式的集中考核，可以借助设计社群的前瞻视野和可共享资源，帮助推进毕业设计的进度，保证各设计阶段产出的质量。

（2）如何对跨学科课题成果进行评价？

跨专业课题往往是针对真实世界的复杂问题，或者说是对刁顽问题（wicked problem）进行设计，人往往要在问题解决时才能对问题做出清楚的定义。这种情况下，在课题计划的前期学生较难对最终的设计产出有明确的预测，因此也就会给毕业设计成果最终评价的环节带来困难。

对于跨专业的课题，需要与更多相关领域的专家和企业进行合作，来共同探索设计环节中可能面临的系统性问题。如何有效地利用企业资源参与到课题合作中，同时又能保持学院和专业对毕业设计课题前瞻性和独立性的要求，需要更为有效的合作模式和方法。

毕业设计既是培养学生和设计创新人才非常关键的最后一个环节，也是对学科团队的课程体系、教学组织以及人才培养路径的综合检阅。在经年的实践变革中，我们发现环境设计作为整合的、跨学科的方法论，具有极大的潜力，可以成为促成可持续的生活—空间生态系统的一股力量。未来我们将持续在毕业设计环节推进跨学科的合作，探索设计在真实世界情境下如何去促进城市、社会、产业和生活方式的可持续转型。

第二节

优秀毕业设计作品

历届环境设计毕业设计，同学们选择不同社会生活情境中的问题，探索如何通过设计的介入，去引导和促成生活空间品质的提升，培育可持续的生活方式，促成产业升级和向协同分享的可持续经济转型。他们的设计，无论是社会生态系统中的一个触点，还是面对真实问题的整体解决策略，都展现了设计新生代对我们社会和城市的未来有深度的思考和积极的探索。我们希望他们凭借四年里积累的知识、工具和经验，创新、整合、跨学科的视野，以及挑战不确定复杂情境时的开拓精神，来开启有意义的人生新里程。

请扫描二维码查看以下优秀设计作品：

胡程：悦业庄创意住宿服务体验设计及环境设计

梅燕妮：基于改善室内空气质量（IAQ）的适应性室内种植系统设计

寻冉：黄埔设计创意中学绿带空间设计

虞倩倩：基于艺术教育与传播平台的物理空间建设及社群推广设计

徐乐：可食用花园设计

索引
（以汉语拼音
字母排序）

参考文献

中文：

马修·波泰格，杰米·普灵顿：《景观叙事——讲故事的设计实践》，张楠，许悦萌，汤莉，李铌译，中国建筑工业出版社2015年版。

代福平，辛向阳：《基于现象学方法的服务设计定义探究》，《装饰》，2016年第10期，第66-68页。

郝卫国：《环境艺术设计概论》，中国建筑工业出版社2006年版。

安东尼·吉登斯：《现代性的后果》，田禾译，译林出版社2001年版。

马谨：《延伸中的设计与"含义制造"》，《装饰》，2013年第12期，第122-124页。

马谨，娄永琪：《新兴实践：设计的专业、价值和途径》，中国建筑工业出版社2014年版。

埃佐·曼奇尼：《设计，在人人设计的时代——社会创新设计导论》，钟芳，马谨译，电子工业出版社2016年版。

诺伯舒兹：《场所精神——迈向建筑现象学》，施植明译，华中科技大学出版社2010年版。

图丽斯，艾博特：《用户体验度量：收集、分析与呈现（第2版）》，周荣刚，秦宪刚译，电子工业出版社2016年版。

许慎：《说文解字》，中华书局2017年版。

周锐：《新编设计概论》，上海人民美术出版社2007年版。

英文：

II Biennial of Public Space. (2013). *Charter of Public Space*. Retrieved from http://www.biennalespaziopubblico.it/wp-content/uploads/2013/11/CHARTER-OF-PUBLIC-SPACE_June-2013_pdf-.pdf

Buchanan, R., & Margolin, V. (eds.).(1995). *Discovering Design:*

Explorations in Design Studies. Chicago: University of Chicago Press.

Buchanan, R. (2001). Design Research and the New Learning. *Design Issues*, *17*(4): 3–23.

Buchanan, R. (2004). Design as Inquiry: The Common, Future and Current Ground of Design. In *Futureground: Proceedings of the Design Research Society International Conference*. Melbourne, Monash University: 9–16.

Buchanan, R. (2015). Worlds in the Making: Design, Management, and the Reform of Organizational Culture. *She Ji*, *1*(1): 5–20.

Burt, R. S. (1995). *Structural Holes: The Social Structure of Competition*. Cambridge, MA: Harvard University Press.

Erlhoff, M. (2008). *Design Dictionary*. Basel: Birkhäuser Basel.

Friedman, K. (2012). Models of Design: Envisioning a Future Design Education. Visible Language, *1*(2): 132–153.

Friedman, K., Lou, Y., & Ma, J. (2015). Shè Jì: The Journal of Design, Economics, and Innovation. *She Ji: The Journal of Design, Economics, and Innovation*, *1*(1), 1–4.

Hosmer, C. (2011). Experience Driven Social Spaces. *All Design*, 07/08: 23–28.

Leonard-Barton, D. (1995). *Wellsprings of Knowledge: Building and Sustaining the Sources of Innovation*. Boston, MA: Harvard Business School Press.

Manzini, E., & Coad, R. (2015). *Design, when everybody designs: An introduction to design for social innovation*. Cambridge, MA: MIT Press.

Norman, D. A. (2010, Nov 6). *Why Design Education Must Change*. Retrieved from http://www.core77.com/posts/17993/why-design-education-must-change-17993.

Norman D. A., & Verganti R. (2014). Incremental and radical

innovation: design research vs. Technology and meaning change. *Design Issues*, 30(1): 78−96.

Norman, D. A., & Stappers, P. J. (2016). DesignX: Complex Sociotechnical System. *She Ji: The Journal of Design, Economics, and Innovation*, 1(2), 83−106.

Nylen, D., Holstrom, J., & Lyytinen K. (2014). Oscillating between four orders of design: the case of digital magazines. *Design Issues*, 30(3): 53−68.

Papanek, V. (1971). *Design for the real world: human ecology and social change*. New York: Pantheon Books.

Simon, H. A. (1969). *The Science of the Artificial*. Cambridge, MA: MIT Press.

Stickdorn, M., Schneider, J., Andrews, K. & Lawrence, A. (2011). *This Is Service Design Thinking: Basics, Tools, Cases*. Hoboken, NJ: Wiley.

Verganti, R. (2009). *Design Driven Innovation*. Boston, MA: Harvard Business Press.

图书在版编目（ＣＩＰ）数据

环境设计 / 娄永琪，杨皓编著 . -- 2版 . -- 北京：
高等教育出版社，2021.2
ISBN 978-7-04-028518-5

Ⅰ . ①环… Ⅱ . ①娄… ②杨… Ⅲ . ①环境设计–高
等学校–教材 Ⅳ . ①TU-856

中国版本图书馆 CIP 数据核字 (2018) 第 014856 号

HUANJING SHEJI
环境设计（第二版）

策划编辑	梁存收
责任编辑	潘亚文
封面设计	王凌波
版式设计	王凌波
责任校对	张 薇
责任印制	赵义民

出版发行　高等教育出版社
社　　址　北京市西城区德外大街4号
邮政编码　100120
印　　刷　北京盛通印刷股份有限公司
开　　本　787mm×1092mm　1/16
印　　张　14.5
字　　数　300千字
购书热线　010-58581118
咨询电话　400-810-0598
网　　址　http://www.hep.edu.cn
　　　　　http://www.hep.com.cn
网上订购　http://www.hepmall.com.cn
　　　　　http://www.hepmall.com
　　　　　http://www.hepmall.cn
版　　次　2007年9月第1版
　　　　　2021年2月第2版
印　　次　2021年2月第1次印刷
定　　价　49.50元

郑重声明

反盗版举报电话　（010）58581999　58582371　58582488
反盗版举报传真　（010）82086060
反盗版举报邮箱　dd@hep.com.cn
通信地址　北京市西城区德外大街4号
　　　　　高等教育出版社法律事务与版权管理部
邮政编码　100120